水を守る
—東京水道株式会社—

目　次

第1編

東京水道
発足のあゆみとこれまで

明治31年（1898年）12月1日、今は東京都庁舎などの高層ビルが立ち並ぶかつての角筈（主に、現在の西新宿）の地で淀橋浄水場が通水を開始し、東京の近代水道事業は産声を上げた。令和2年（2020年）4月、120年余の東京の水道史における大きな歴史の転換点が訪れた。東京都の政策連携団体としてともに歩んできた東京水道サービス（TSS）とPUCを統合した国内最大級の水道トータルサービス会社・東京水道株式会社が事業をスタートした。東京水道の発足に向けた経緯と統合に関わる取組み、そして事業開始からの1年を振り返る。

■代表取締役社長就任

令和2年（2020年）4月1日に、東京都の政策連携団体（旧称は監理団体）（※）である2社、東京水道サービス株式会社（TSS）と株式会社PUCが合併して、東京水道株式会社が誕生し、私が初代の代表取締役社長に就任した。振り返ってみると、大きな困難がいくつもあり、その度に、社員と協力し合いながら乗り越えてきた。

私が前身のTSSの代表取締役社長に就任したのは、時代が平成から令和に変わった令和元年（2019年）5月1日である。社長への推薦は、同年3月29日のこと、私が東京都知事特別秘書（政務担当）退任の際に、小池百合子東京都知事の定例記者会見で発表された。この種の案件では異例であったが、多くのメディアが報道した。

〝都は水道事業の管理体制を強化する方針で、知事の側近を長く務めた野田氏の手腕に期待したい考えだ。（中略）小池知事は、都の水道事業が統合事業やコンプライアンス改革などで「画期的な時期を迎えている」としたうえで「彼の突破力はふさわしい」とし、課題解決のためには適切な人選だと強調した。〟（日本経済新聞2019年4月13日）

以降、２年が経過した。
まずは、ＴＳＳ社長としての歩みを振り返る前に、私が飛び込むことになった東京水道の置かれていた状況を概観しておこう。

（※注）政策連携団体：東京都が出資し、積極的に人材交流を行うなど、都と事業協力を行う団体のうち、都政との関連性が高い団体。かつての監理団体から定義・名称等を見直し、平成31年（２０１９年）４月から同名称。

■東京水道の置かれた状況

首都東京の水道は、明治31年（１８９８年）12月１日に、今の都庁が置かれることになる西新宿の地に淀橋浄水場が建設され、近代水道として通水を開始してから、１２０年余り、一貫して今の東京都水道局（かつては東京市水道局、以下「都水道局」という。）が事業を担ってきた。水道事業は、水道法やその他関係法令により市町村事業として定められており、本来であれば基礎的自治体である市町村が運営を担うことになる。しかし、東京23区が戦前は東京市であったことから、戦後も、そのまま水道事業を都水道局が経営することとなり、残された東京都西部の住宅地帯・多摩地域の水道事業を市町村が経営することになった。高度経済成長下においては、多摩地域の人口爆発による水需要の急増、地下水源の枯渇が進み、市町の経営では水源の確保、施設の建設・維持管理が困難となった。このため昭和40年代の美濃部都政において、市町の経営する水道についても、都水道局に委ねるという、都営水道一元化・広域化が全国に先駆けて決定された。

これにより、首都東京の水道は発展を続け、給水人口は1360万人、管路延長は2万7000キロ、1日平均配水量は420万立方メートルを超える、世界でも有数の大規模水道事業体となった。

また、絶えず続く水不足と地震との戦いに打ち克つために磨かれた漏水防止技術は、世界でもトップレベルの漏水率約3%を達成している。

首都東京においては、広域的自治体である都水道局が一元的・効率的に経営する体制となったが、都水道局は、この巨大な水道事業を運営するために、経営の効率化に関して、早くから民間活力を導入してきた。

昭和41年（１９６６年）には、水道料金の計算をコンピュータで行うために財団法人公営事業電子計算センターを設立し、平成17年（２００５年）からはお客さま対応についても順次、第三セクターである株式会社ＰＵＣ（前述の財団法人が株式会社化したもの）への委託化が始まっていた。技術系の分野についても、昭和62年（１９８７年）に水道総合サービス株式会社（のちの東京水道サービス株式会社）を設立して、水道管路の維持管理の業務を委託化し、その範囲を次第に拡大していた。

■ターニングポイント

このように少しずつ、また、着実に業務の受託範囲を広げてきたＴＳＳ・ＰＵＣの両社であったが、成長のターニングポイントとなったのが、多摩地区水道事業の「事務委託制度の解消」である。

既に述べたとおり、東京都の西部、ベットタウンである多摩地区水道は都水道局に一元化されていた。しかし、その一元化は、道半ばのものであった。

当時の多摩地区の水道は、施設は都水道局に移管されたものの、その運営は、以前から市や町に雇用されていた市町水道部の職員が引き続き行い、都水道局がその事務費を市町に支払う、いわゆる「事務委託」と呼ばれる制度で運用されていた。これではサービス水準も市や町によってまちまち、管路網などの施設の相互融通もままならず、広域水道としてのメリットを生かし切れていなかった。

平成15年（2003年）、都水道局は、この事務委託制度を解消し、多摩地区の全ての都営水道エリアを一元的に管理する方針を打ち出し、平成17年（2005年）瑞穂町を皮切りに、真の直営化に乗り出した。

この時、都水道局は、多摩地区の水道運営に必要となる膨大な数の職員を、市町の職員が引き継ぐのではなく、都水道局の職員を増員するのでもなく、TSS・PUCに担わせる、という決断をしたのである。これにより、TSSはそれまでの管路維持管理業務から、給水装置の設計審査業務、施設の維持管理業務、管路工事の設計・施工監理へと一気に守備範囲を広げ、PUCも、多摩地区の徴収業務を単独で担うことになった。この結果、両者の社員数は事務委託解消前から数年で倍増する急成長ぶりを見せ、ほぼ現在の会社の形が出来上がった。

■一体的事業運営体制

都水道局は、平成18年（２００６年）に「一体的事業運営体制の構築」の方針を打ち出した。これは、都水道局の業務のうち、高度な業務（複雑な工事や施設更新計画の策定、料金水準を含む事業運営方針の決定など）をコア業務として位置づけて都水道局が直営で行い、都が関与するべきであるが公共性とともに一層の効率性が求められる業務（小規模工事の設計積算や工事監理業務、中小規模の施設維持管理や徴収整理業務、お客さま対応業務など）を準コア業務として位置づけ、技術系のＴＳＳと事務系のＰＵＣといった第三セクターが担う。検針業務のような単純定型業務や工事施工などは純粋な民間企業が行う。このような分業体制を定め、ＴＳＳ、ＰＵＣをパートナー企業とし、二つの第三セクターを東京都監理団体として位置づけ、都水道局の強い指導監督下に置いた。ＴＳＳ・ＰＵＣは、両社で２６００名の社員を擁し、売上は約２９０億円に上る企業に成長した。

都水道局はこのように直営業務を、業務種別によって二つの監理団体に委託化するグループ経営体制をとることで、公営企業としての公共性を担保しつつ、職員定数の削減と柔軟な事業運営体制という経営の効率化を実現してきたのである。

■小池都政による水道改革

このような発展を続けてきた東京水道であったが、平成28年（2016年）、小池知事が就任すると、東京水道グループは新たな改革へ進むことが求められた。東京水道グループには幾つかの問題が顕在化してきていたのだ。

一つは行政改革の問題である。TSSとPUCという二つの監理団体は併せて8名もの常勤役員がおり、それぞれの代表取締役社長は元都水道局の退職局長級の職員が務める慣わしになっていた。都庁内の他の局では、監理団体は一つの局に対して一つであり、歴史的な沿革があるとはいえ、水道局だけ二つの監理団体を傘下に持つことは理解を得にくい状況であった。

もう一つは、他の水道事業体への貢献である。日本全国の水道事業は、東京都と同様に高度経済成長期に事業の拡張を行い、給水人口の増加に伴い成長してきた。しかし、時代が移り変わり、成熟期に入ると、給水人口は減少に転じ、料金収入もそれに伴い減少する。施設は老朽化し、更新時期を迎えている。使われている技術も高度化し、高度な技術を持った技術系職員の確保も難しくなってきている。このため、多くの市町村規模の水道事業体では経営が持続可能ではなくなってきている。水道行政を管轄する厚生労働省は、東京都の経営体制のように、複数の水道事業体が合併し、広域化して運営をスリム化したり、運営を包括的に民間企業に委ねたりすることができるように、水道法の改正を予定していた（平成30年（２０１８年）改正が行われた）。この法改正の議論の中で、全国の水道事業体からは、「どのように水道事業を広域化してよいのか、技術的・制度的なノウハウがない」「事業を包括的に民間企業に委ねるにしても、利益重視の営利企業に任せるのは住民の理解が得られない」といった声が上がっていた。全国の水道事業体の中でもずば抜けた規模と技術力と財政力を持っている都水道局として、このような声に応えるべきではないか、そのような機運が都庁内にも起こりつつあった。

さらには経営の問題である。ＴＳＳもＰＵＣも、都水道局の業務をサポートするための団体として設立されたことから、その事業収入の大部分は、都水道局からの優先的な発注（特命随意契約と呼ばれる）によって賄われている。しかし、両社とも株式会社の形態をとる以上は、自ら事業を開拓し、収益を上げて、都水道局への依存を脱するべきではないか。都に依存しない新たな事業を開拓するのであれば、ＴＳＳの技術とＰＵＣの徴収系ノウハウ、ＩＴ技術を融合させることで、水道事業を包括的に担うことができる体制をとったほうが有利ではないか。全国水道事業体と同様に、施設の大規模更新、給水収益の減少期を迎える都水道局からはそのような声も上がっていた。

都水道局では、平成24年（２０１２年）、平成26年（２０１４年）と立て続けに職員の汚職事件が起きていた。この結果、明治以来続いていた「水道局長は水道局生え抜きの職員が就任する」という不文律が崩れ、平成27年（２０１５年）以降は組織・風土改革のために水道局の経験がない知事部局出身の局長が続いている。平成29年（２０１７年）からは、前職が生活文化局長の中嶋正宏氏（現政策企画局長）が水道局長に就任していた。

ついに平成31年（２０１９年）。都水道局・ＴＳＳ・ＰＵＣにおいて、両社の統合に向けた検討が開始された。目的は、合併による経営のスリム化、技術系と徴収系業務を一体化することでの包括的なソリューションサービス提供の実現である。

両社統合の際には、どのような経営体制にするべきか、どのような組織体系にすれば相乗効果が発揮できるか、新たなビジネスモデルはどうするのか、資本構成、新会社の名称、商標など、検討するべき事項は多岐にわたった。

■東京都総務局による特別監察

事件は、そのような中で起きた。都に対し、ＴＳＳにおける不適正事案がある等との情報が寄せられた。知事は直ちに関係部署に、内容の真偽を含めた厳正かつ速やかな調査と報告を命じ、都総務局によるＴＳＳに対する特別監察の実施が決められた。

特別監察は年末・年始をまたいで徹底的に行われた。その結果、寄せられた情報にあったような不適正事案の新たな発見はなかったものの、過去の不適正事案への社内対応が改めて検証され、ＴＳＳの身内に甘い体質、水道局ＯＢが重用されている体質などが指摘され、水道局と同様に組織・風土改革が必要と判断された。引き続きＰＵＣに対しても特別監察が行われ、いくつかの契約制度の改善の必要性などが指摘されたが、こちらは大きな指摘は行われなかった。

これからの東京水道グループ大改革となる両社統合を成し遂げるためにも、推進体制の刷新が必要との判断がなされたのであろう。平成31年（2019年）3月、東京水道グループ改革の根幹をなすTSS・PUC統合の検討推進のために、私のTSS社長への推薦が知事会見で発表された。

小池都政の立ち上げと安定化に取り組んできた私にとって、この種の混乱期に組織を作り上げるという大仕事は、どのような性質の任務かを瞬時に想定することができた。

■東京水道との縁

水道事業については、水道工学の専門知識こそなかったが、常に関心と興味を持っていた。私がかつて東京都議会議員であった時代の選挙区である東村山市や東大和市には、都水道

村山貯水池（多摩湖）

東村山浄水場高度浄水施設完成式に出席した著者（平成22年４月）

局が大正から昭和にかけて築造した都民の水がめ、村山上下貯水池さらに山口貯水池があり、それをとり巻く広大な貯水池林があった。地元には、今でも村山・山口貯水池建設によって移転してきた方の末裔が多く住まわれている。

　読者の中には、東村山出身の故・志村けん氏の「東村山音頭」をご存知の方がいらっしゃるかもしれない。昭和のお茶の間を賑わせたテレビ番組、「八時だョ！全員集合」の中で繰り返し放映されたが、この東村山音頭の歌詞は〝東村山　庭先きゃ　多摩湖〟から始まる。多摩湖とは村山貯水池のことだ。東村山音頭は、地域の盆踊りやイベントで繰り返し流され、地域住民に愛されている。

　また東村山市内には、高度成長下に急成長する多摩地域の給水を担うために昭和35年（1960年）に完成した東村山浄水場がある。

　東村山浄水場は、かつて西新宿にあった近代水道発祥の地である淀橋浄水場が廃止された際の機能の移転先でもある。現在は日量126万トンの水道水を供給しており、都内で指折りの大規模な浄水場だ。この東村山浄水場に高度浄水処理施設が導入されたのが、平成22年（2010年）、私が都議時代のことであった。高度浄水処理とは、通常の浄水処理では十分に除去できないかび臭原因物質やカルキ臭の元となる物質を除去するために、オゾンや微生物等を活用した都水道局の最新の浄水技術である。これにより東村山浄水場は一層おいしい水を提供することができるようになった。

話は前後するが、平成21年（2009年）3月末までに、東村山市など多くの多摩地区の自治体の水道事業の都営一元化が行われたが、これも私の議員時代と重なる。市議時代に市から都へ水道事業を送り出し、都議時代には既に都営水道であった。これら東京の水道の大きな節目に立ち会えたのは、今となっては大きな財産である。

東京の水道となじみの深い地で育ち、知事特別秘書に就いてからも水道行政に深く関与してきたため、東京水道の重要性を十分理解していた。

■TSSの社長

時代が平成から令和に変わり、私はTSSの代表取締役社長に就任した。当時、TSSにおける都水道局の株式保有率は51％であったが、都のほか、金融機関をはじめとする全株主の皆様に賛成頂けたのは光栄であった。

社長就任直後に早速TSS幹部による事業説明があった。TSSは、大まかに言うと都水道局の中小規模の浄水場・給水所などの運転管理、管路工事の設計・監理、管路の維持管理、給水装置工事の設計審査などを行っている東京都政策連携団体であり、社員数は約1600人、売上は約150億円。もともと水道局から技術と業務の移転を受けながら成長している途上の会社であった。そのため、社の幹部は都水道局の退職OBや現職派遣が占めており、会社で採用したプロパーの社員には若手が多かった。歴代の社長も、全て都水道局の退職技術系局長であり、水道局出身以外の社長、ましてや異色の経歴の社長というのは、社内にもかなりの緊張をもって受け止められたことと思う。

そのため、私は、何より、この会社統合という大仕事をするにあたって、全ての社員とフラットに接すること、若手のプロパー社員に元気を出してもらえる会社にすること、都のOB社員の緊張感をほぐすことを心掛けた。会社統合をきっかけに、プロパー社員が少しでも希望と期待を持てる会社にすること、プロパー社員が活躍できる会社とすること、都水道局の下請け意識を脱し、自ら発展していける自信を持った会社にすることを目指そうと思った。

■会社統合の検討体制

会社統合については、慎重に検討が進められてきたが、統合まで1年を切り、両社を挙げて推進体制を作る必要があった。

このため、統合新会社の諸制度を検討し、決定していくために、都水道局長、TSS社長である私、そして統合相手であるPUC社長が加わった統合準備委員会が開催された。

その下には統合比率や企業統治体制、人事給与制度、契約制度、新たなビジネスモデル、ブランディングなど検討テーマに応じて素案を検討するためのワーキングチームが設けられていた。このワーキングチームにおいて特筆すべきは、ほぼ全てのワーキングチームに、あらゆる職種・職層のプロパー社員に参加してもらい、検討を行ったことである。これまで全て都がお膳立てして決めてきた両社の社員には戸惑いもあったと思うが、初めて都職員と一緒に自分たちの未来を決める議論に参加することで、統合新会社を都からの押し付けではなく、自分の会社であるという愛着を持ってもらいたい、そんな思いであった。

■新会社の名称・ロゴに込めた思い

会社の統合を検討するにあたり、まず決めるのは新会社の名称、ロゴである。都民のライフラインを守り、都民生活に深く関わる会社となるので、その名前はシンプルかつ親しみやすい名称にしたかった。また多くの社員に、自分たちの会社だと愛着を持って貰いたいと願った。そこで、新会社の名称は、原案を両社の社員から公募し、社員投票により候補を決めることにした。両社で公募した結果、380件もの名称候補が上がり、その中から社員アンケートにより好評だった3案に絞り込んだ。最も多くの票数を集めたのが「東京水道株式会社　Tokyo Water」である。都水道局からの技術移転を受け、都水道局ともに、首都東京の水道を担う。世界にあっても、日本の首都東京を冠した会社であり、世界の誰が見ても日本を代表する水道界のリーディングカンパニーであることがわかる、そんな名称である。いくつかの名称候補とともに、小池知事にお諮りしたところ、社員が選んだ名称でよい、という判断であり、新会社の名称は「東京水道株式会社」とすることが決まった。

この名称を商標登録するにあたり支障はないか、弁理士に調査を依頼したところ、日本資本主義の父渋沢栄一らが明治21年（1888年）に東京府へ設立を出願していた東京水道会社の商号が届けられていたことが分かった。この渋沢栄一らが設立を計画していた東京水道会社は、結局のところ、水道は公営とするという政府方針により日の目を見ることはなかった。奇しくも、新しく誕生することになる新会社の名称が渋沢栄一の夢と重なった。

名称の次はロゴマークである。これは手作りというわけにもいかず、デザイン会社、広告代理店などのプロに委託しなくてはいけない。公

TOKYO WATER 確かなサービスで、水と人の未来を創る 東京水道株式会社

東京水道のロゴマーク

共的な団体である東京都の政策連携団体は、契約制度を公契約に準じているため、通常の入札では東京都の入札参加資格を保有していることが条件となる。これでは参加企業は限られ、大した金額も出せない政策連携団体のロゴマークなど、優秀なデザイナーには相手にされない。そんな懸念を払しょくするため、入札参加条件に縛られないコンペ方式でロゴマークを広く募ることにした。公募の開始は会社のホームページにおいて公表するが、今回は開設したばかりのＴＳＳのツイッターでも宣伝することにした。そうした工夫の結果、37案ものデザイン案が応募された。デザイン案は会社の会議室に掲示され、一般社員による投票が行われた。また一般社員投票と並行して行われた両社役員によるコンペの場で、参加いただいたデザイナーの皆さんに応募動機を伺ったところ、デザイン料の多寡ではなく、当社のロゴが都民のあらゆる生活の場で目に触れることになるというインパクトに魅力を感じた、とおっしゃるデザイナーさんが多かった。

デザインは水の清涼感、しずる感を強調したものが多かったが、その中でも東京水道株式会社　Ｔｏｋｙｏ　Ｗａｔｅｒという商号を取り込んだロゴが、まだ知名度がなく、これから都民の皆さんに覚えていただこうという会社にぴったりだと思った。多くの社員も、水の清涼感と会社名称を取り込んだデザインがいいと言ってくれた。

こうして統合準備委員会において、新会社の名称、ロゴが決定され、小池知事に報告された。

■どちらを存続会社にするか

会社統合において揉めることの一つが存続会社問題である。統合検討初期では、PUCよりも社員数が多く、売上も多いTSSが存続会社となるのが自然の流れだろう、という雰囲気が強かった。しかし、一つ問題があった。認証制度である。PUCは都水道局のお客さま情報を扱う料金計算システムを開発運用していることから、個人情報の厳格手続きの認証、いわゆる「Pマーク（プライバシーマーク）」を取得している。都水道局との契約の必須条件でもあった。一方のTSSはこの認証は取得していなかった。仮に、TSSを存続会社としてPUCを吸収合併したり、対等合併して新設会社となったりする場合は、新会社がPマーク認証の審査を受け、新たに認証を取得しなくてはいけない。これでは統合予定である令和2年度（2020年度）の業務受託に間に合わない。そこで、ＰＵＣを存続会社とし、ＴＳＳを吸収合併するという変則的な手法がとられることとなった。

この変則的な手法は、統合のコンサルティングに当たった株式会社野村総合研究所のみならず、都庁内でもいささか驚きをもって受け止められた。いわば、都庁から送り込まれた私が社長を務めるＴＳＳが消滅するからである。

実はこのＰＵＣを存続会社とするという選択には、もう一つの意味があった。昭和62年（１９８７年）に設立され、社員も若いＴＳＳに対し、ＰＵＣは昭和41年（１９６６年）にＩＴの財団法人として設立されており、企業の歴史に対する社員達の愛着が強かった。大きなＴＳＳが小さなＰＵＣを吸収合併するという形態は自然である一方、消滅会社となるＰＵＣの社員の気持ちを傷つける恐れもあった。

私は、大きなＴＳＳが消滅会社となり小さなＰＵＣが存続会社となるという変則的な合併により、ＰＵＣ社員の動揺を抑え、水道トータルサービス会社となる新会社に自然になじんでもらうことができたのではないか、そう思っている。

■統合会社の諸制度

令和元年（2019年）が過ぎ、令和2年（2020年）になると、新会社の制度設計も概ねまとまりを見せてきた。二つの異なる会社制度を比較し、両社のいいところを採用していく、そういう方針で制度設計がなされた。勤務条件の不利益変更は行わないことも貫徹された。一定の統合合理化効果は、両社の事務処理システムの統合による運用経費減や管理部門の効率化・役員数の削減により、発揮していくことも決まった。

新会社の制度で最も特筆すべきことは、厳格なガバナンス体制を採用したことである。これは、TSSが特別監察を受け、その内向きの企業経営の姿勢が厳しく指弾されたことによる。このため新会社にあっては、大会社に求められる水準と同等の企業統治体制と外部の目を取り入れたオープンな企業となることを目指した。

会社の設置形態は、それまで両社が採用してきた監査役設置会社ではなく、都庁グループで初めての監査等委員会設置会社とした。3名の監査等委員のうち、独立社外取締役も会社法で求める過半数（3名中2名）ではなく、3名全員とした。3名のうち2名はこれも都庁で初めての公募とすることにした。日本経済新聞にその意義を説明して記事にしていただいた結果、１００名近い人材の応募があり、厳格な審査を行った。また残る一人は、都水道局から経済団体に依頼し、インフラ企業である一方で、都が8割を出資する団体という特殊性をご理解いただける人材を推薦頂いた。こうして、弁護士・公認会計士、上場企業経営者などの経歴を持つ3名の独立社外取締役を招聘することができたのは、その後の東京水道株式会社発足後の事業運営を軌道に乗せる上で、大きな力となった。この場をお借りして感謝申し上げる。

■合併契約調印式

こうして諸制度の仕上げが急がれる中、令和2年（２０２０年）2月10日、ＴＳＳ本社大会議室において、中嶋正宏東京都水道局長の立会いのもと、ＴＳＳ社長の私と、存続会社となるＰＵＣの小山隆社長との間で、合併契約調印式が執り行われた。

ＴＳＳを消滅会社、存続会社をＰＵＣとする吸収合併形態であり、合併後の商号を東京水道株式会社とすること、また代表取締役社長を私とすること、監査等委員会設置会社となること、本社を引き続きＰＵＣ本社に置くこと、などが内容である。

合併契約調印式

その後1年以上にわたって大きな影を落とすことになる新型コロナウイルス感染症が、既に猛威を振るい始めており、華々しい祝賀会などは何もない、ディスタンスに配慮した簡素な式典であった。

しかし事実上の日本最大級の水道トータルサービス会社の発足というインパクトの反響は大きく、水道業界専門2紙（日本水道新聞と水道産業新聞）、一般紙やテレビ局など計13社が会場に足を運んでくださった。改めて御礼申し上げたい。

■発足後1年を経て

発足後1年を経て、予想だにしなかったコロナ禍の長期化の影響を受けている。社外取締役から、「会社統合などの大きな変化があった時には、思わぬ社員の動揺から不祥事が起きがち」との示唆を受け、注意を払っていたものの、社員の法令違反があり、関係各所にご迷惑をおかけした。

しかし、振り返ると、このような困難を乗り越え、統合後の東京水道株式会社は旧会社2社に比べて、見違えるほど内部統制の行き届いた会社となった。また、昨秋に行った社内調査においては、コンプライアンス意識もしっかり浸透していることが確認されている。心強い。

コロナ禍においても、社員の節制と社の努力のおかげで、24時間３６５日の安定給水を損なうことなく、東京水道グループとしての責務を果たしている。

これからも社員とともに、この東京水道株式会社が希望の持てる会社として大きく飛躍するように、力を尽くしてまいりたい。

第 2 編

対談集
東京水道
水と人の未来を創る

東京水道のコーポレートスローガンに掲げる「確かなサービスで、水と人の未来を創る」。この実現へとアプローチするための視点、方策について東京都水道事業運営戦略検討会議の座長を務める東京大学の滝沢智教授、同じく座長代理を務める給水工事技術振興財団の石飛博之専務理事、そして土木学会の家田仁会長と対談した。

対談1

東京都水道事業運営戦略検討会議　座長
東京大学大学院工学系研究科所属
水環境工学研究センター長

滝沢　智　教授

■コロナ禍のもとで

野田　滝沢先生には、東京都水道事業運営戦略検討会議の座長をお務めいただき、日ごろから東京水道グループの事業運営に貴重なご意見をいただいております。

令和2年（2020年）4月に事業を開始した東京水道株式会社（TW）の発足につきましても、組織のあり方や今後の業務委託方式について貴重なご意見をいただいており、この場を借りて感謝申し上げます。

当社の事業スタートは、コロナ禍ということで、事業開始前に描いていた華々しい出発とはなりませんでした。

当初、東京水道サービス（TSS）とPUCの統合をより円滑に進めていくことが最大の目的でしたが、そこに新型コロナ対策というテーマが降りかかってまいりました。

現在も水道事業をしっかり継続すること、社員の安全を確保することが最重要事項となっています。

コロナ禍における水道界全体の動きを滝沢先生からご覧になられていての印象はいかがでしょうか。

滝沢　水道事業体の方に「大変では？」という問いかけをすると、「大変ではありながらもなんとか回しています」というお答えが多いです。現場はさまざまなご苦労があり、今後の状況への懸念はあると思いますが、事業運営が困難となるほどの状況には今のところ至っていないという印象です。

これまでも水道界はさまざまな危機対応の経験をしてきました。その経験が感染症対応というこれまで経験したことのない危機にも生かせているように感じます。

新型コロナウイルスへの対応については、多くの水道事業体が新型インフルエンザ対策をもとに対応していますが、これは平成15年（2003年）のSARS流行時の対応の経験が生かされています。

インフルエンザとはウイルスの特徴が異なり、対応が困難な点も多くありますが、過去にしっかりと対応を考えてきた経験があるからこそ、なんとかできているという状況があるように感じます。

野田　社として、総力を挙げてコロナに対処しています。その一方で、危機管理対応を積み重ねることで構築してきた都水道局と政策連携団体により構成される東京水道グループの組織力の強さを実感しています。

危機の時にこそ頼りになることが水道事業の持ち合わせるべき大切な要件だと思います。

お客さまにとっては、普段はあって当たり前の水道ですが、危機の時に水道の重要性が認識されます。危機対応ができなければ、信頼を失ってしまうことになります。

新型コロナについては、中国・武漢での流行が伝えられた当初から、対応策を練ってきました。

事業開始直後の4月に感染者が発生しましたが、しばらくは感染者が出ていませんでした。夏以降、数名の感染者が確認されていますが、とにかく早期の対応を心掛け、職場内でのクラスターはなんとか抑止できている状況です。

マスクや消毒液の確保とともに、社員の出勤方法を見直し、浄水場の管理など重要職務を担う社員については、自家用車での通勤を推奨するなど、密回避へ対策を図りました。

コールセンターでは水道料金の支払い猶予等の対応もあり、お客さまからの問い合わせが増加する一方、席の状況は「密」とも言えるような環境でした。現場の声も踏まえ、ソーシャルディスタンスを確保するよう速やかに対応し、オペレータの不安を軽減するよう努めました。応答率も平常時と大きく変わらず緊急事態宣言のもとでの事業活動を継続することができました。今後もまったく予断を許さぬ状況と認識しています。

滝沢　コールセンターでの対応は、密の回避などこれまで水道界が経験してきていない対応の一例かと思います。

職場の安全性の確保を第一に取り組まれることが今後も引き続き重要となるでしょう。

感染予防の観点から手洗い・うがいの励行が広く認識される中で、水道が止まった時にどうなるかという懸念と責任感、野田社長が言われた危機時にこそ安全な水を送り届けなければならない責務というのを全国の水道関係者が認識したところと思います。

感染症対策の難しさだと思いますが、職場など公共の安全性を確保しても、プライベートな感染防止対応は個々人の意識に委ねられます。

個人に注意を呼び掛けることはできますが、個人の行動を縛ることはできません。職場の安全性を確保することと、水道に従事する者としての安定供給への責務の意識付けの双方が今後、継続して重要になってくるのだと思います。

「第1波」「第2波」と称される流行期を経て、冬季に入り再び、感染者の増加が懸念されています。

社員に感染が広がると業務が増える一方で、対応できる社員が減っていくという悪い連鎖が発生してしまいます。

医療現場で懸念される「医療崩壊」と同じことが、水道の仕事の現場でも起こる可能性があるということです。

現場の崩壊を防ぐため、今後、より困難な局面に差し掛かっていく恐れの中での一層の対応が求められます。

野田　今、まさに同様の懸念を持っています。感染リスクを低減していくには、これで良いのかと絶えず疑問を持ちながら改善を進めていく必要があると考えています。

■若手の意識付け

野田　ＴＳＳの社長に就任以降、１年余を経ました。

東京水道グループの一員として都水道局の職員の方と仕事を共にすると、都庁を支えていくという意識が自ずと育っているのだと実感しますが、政策連携団体の社員にとっては都庁との距離感がどうしてもあるように感じます。

ＴＳＳ時代から、都民生活を支える、都政を支えるという社員の意識付けに工夫を図ってきました。

当社の若手社員には、地方出身の方が多くいます。初期の意識付けを図ることが重要であると捉え、現

各事業所を訪問

在、当社の事業所を訪問し、若手社員を中心とした社員との意見交換を実施しています。

長年都政に携われば東京水道グループの歴史に裏打ちされた実績、これまで構築してきた技術、知見などについて話をすると、中堅社員とは当然のように話が進むのですが、若手社員にとっては言葉では理解していても、その価値を共有し、実感することができていないということがわかりました。

令和２年10月、ソーシャルディスタンスで開催した入社式

当社では都水道局のOB社員の方が活躍しています。OB社員から若手には、技術・経験だけでなく、水道を支える意義、やりがい、誇りという意識の面についても継承していくことが大切です。しかし、ベテラン社員の方に伺うと世代のギャップもあり遠慮されている面もあるようです。「思い切ってやってください」と言えるような社内の雰囲気づくりに努めていくことが必要だと

感じています。

10月初旬、コロナ禍の影響で延期していた新入社員の入社式を3回に分けて開催しました。コロナ禍の状況を見ながら、社内のコミュニケーションの雰囲気を変えていく取組みも積極的に図っていきたいと考えています。

令和元年（２０１９年）から社訓を制定しました。こういうものは今どき、世の中の企業では馴染まないのかもしれませんが、私たちはどういう使命感と意識をもって、この水道を支えているのかというのを再認識してもらいたかったのです。この社訓を、若手をはじめとした全社員と共有できれば、このコロナ禍を社員一同、一緒に乗り切っていけるのではないかと感じています。

滝沢　私も大学という場で学生と向き合う時の気持ちは一緒です。将来を支えてくれる人材に育ってもらいたいという思いで野田社長が実践されていることは、私にも相通じるものがあります。

若い方が初めて水道界に入ると、数年かけながら水道を理解し、自分が果たすべき役割を全うするために仕事に取り組んでいくことになります。ＴＷの発足により、東京水道グループの組織が変わっていく中で、ベテラン社員の技術、知見、経験を引き継いでいくための仕組みをまさに今、作られようとしているのだと思います。

このような仕組みが少しずつ育っていくことが大切です。

10年、20年先の水道を支えていく上で重要な方向性だと思います。

■誤解を解く発信

野田　当社は営業系・IT系企業であるPUCと、技術系企業のTSSが合併しましたが、ITは非常に大きな夢が詰まった分野であると考えています。都水道局は、スマートメータの導入を決定しており、そこで得られたビッグデータをどのように活用していくかについても、今後、当社は政策連携団体としてしっかり都水道局に提案していかなければならないと考えています。

先生が座長を務められております「東京都水道事業運営戦略検討会議」では、私たちTWについてご議論いただいたと聞いております。東京の水道のあり方というものをこれまでしっかりと構築してきたことについて、他の自治体、水道事業体の皆さまからも評価をいただいている一方で、当社のあらゆる取組みが、昨今の「水道民営化」の話とどうしてもリンクされてしまい、当社の役割について誤った認識が広がっていることに懸念を持っております。

滝沢　水道事業において民間企業の果たすべき役割というのは、時代とともに変遷しています。これは、時代に合った仕組みに少しずつ作り変えてきた歴史です。

先の水道法の改正の中でマスコミ報道も過熱し、「民営化」という言葉が一般化しましたが、公営水道を民営化するという国内に今までなかった仕組みにすべて作り変えてしまおうという思いは誰も持っていないと思います。

「民営化」が進むという報道から、不安になっている国民が少なからずいるというのが現状かと思います。

水道における官と民の連携の仕方は水道事業の特殊性を理解した上で、その仕組みを作ろうとしているのであって、単純な民営化とは全く異なるものです。水道界に携わる者としては、さまざまな機会、さまざまなチャンネルを使って正しい情報を発信していかなくてはならないと思います。

最も恐れるのは誤った理解が固定化されてしまうことです。やはり、水道関係者側から理解を促す努力をしていかねばならないということでしょう。

TWの発足を機に官と民の役割をそれぞれに認識して、お互いの強みを発揮できる仕組みを作ろうとしています。東京水道グループが時代に即した新たな官と民のあり方の構築に歩みだそうとしていること、その姿を都民に積極的に発信してほしいと思います。

これは東京水道グループだけの問題ではなく全国の水道の問題です。誤った認識が広がった中で、この認識が固定化していることには強い危機感を持っています。東京からの発信は、水道関係者の多くが期待するところです。

野田 当社は安全・安心をお客さまに提供する企業であり、それは水道の使命そのものです。誤解を招く情報にしっかり反論していかなくては、お客さまの安心が揺らぎます。まずは、新型コロナ対応に万全を期しながら、こういった誤解を解いていくための都民向け広報についても工夫していきたいと思っています。どのような方法が効果的なのかは走りながら検討していかなければなりませんが、「安定給水」ということを強調していきたいと思います。

東京の水道料金は、税率以外で25年間値上げされておりませんし、その間、設備投資もしてきている中でお客さまの満足度も上昇しています。一方で、水は蛇口を捻れば当たり前に出てきますので、当たり前の存在になりすぎているという水道の背景もありますから、こういったPRも必要だと思っています。

滝沢　息の長い発信とコミュニケーションに期待しています。

■将来への足場を

野田　私の都議会議員時代の東京水道との大きな接点の一つが、当時出席した私の地元である東村山浄水場の高度浄水施設完成の式典でした。

今、まさに先生が座長を務めておられる検討会の論点となっていますが、当社が東村山浄水場のような大規模施設を含む浄水場の運転管理業務を含めた性能発注方式による長期的な包括委託を担うという構想の議論が進んでいるところです。

高度浄水処理を行う大規模浄水場を含め、長期にわたり管理を担うとなれば、技術継承、人材育成が重要な課題になると捉えています。

滝沢　東村山浄水場をはじめ、高度浄水処理を導入している大規模浄水場の規模というのは、国内では最も大きい規模に分類される施設能力、供給人口を有しています。東京の水道施設の一つの特徴は、数多くの施設を有していながら、一カ所当たりの規模が大きい施設が多く、給水停止時の影響も非常に甚大であり、慎重な運転が求められるという点です。

大規模施設は、全国的かつ一般的な浄水場の運転管理と比べ、配慮する事項も格段に増えます。東村山浄水場を例にすれば、原水系統についても利根川・荒川系統、多摩川系統のそれぞれを有していますし、浄水処理系統も複数を有しており、一つひとつのプロセスに慎重な配慮が必要となります。大きい分だけ、複雑であるということです。

運転管理で大切になるのは言うまでもなく経験です。野田社長が言われる通り、委託手法の移行に応じたスムーズな技術継承、人材育成が問われるでしょう。

浄水場の運転管理は、土木、水質、電気・機械など異なる職種の方が連携することで安定的な適正処理が実現します。異なる職種の人材を社内にしっかり育成し、現場で活躍してもらうということは、言葉で言うことは簡単ですが、実際には非常に大変なことです。

政策連携団体として大規模浄水場の運転管理を長期かつ包括的に担う組織となることは国内外に一つのモデルを示すことにもなるものと期待しています。

野田　20年後を目途にということではありますが、受け入れまでには相当の準備期間が必要になると思っています。都水道局との人材交流もより活発化していく必要もあるでしょう。今後東京水道グループとしても、検討会でのご議論をいただきながら準備態勢をしっかり整えていくことが必要だと考えています。

TSSの社長就任当初、成長ポテンシャルの高さから「日本版水メジャーを目指す」と申していましたが、東京の足元の現場業務をしっかり遂行するための体制構築こそが優先すべき命題であり、当社にとって最も大切なことだと感じています。

東京水道グループのノウハウを国内外の貢献に生かしていくことは、国内の水道、SDGsの実現に向けて重要な海外の水道インフラの整備においてもニーズが高いと思っていますが、滝沢先生が仰る通り、一つのモデルとして示していければと思います。

滝沢　今後、大規模浄水場も更新期を迎え、更新時には更新施設のバックアップを図るという水道の施設整備としては非常に困難な局面が待っています。

運転する部隊と建設する部隊が同じ浄水場に詰め、緊密な調整を図る必要性が出てくる状況です。

これをＴＷが都水道局と連携しながら進めるというプロセスそのものが、全国の水道事業者の参考となるものであり、ノウハウです。大切な経験を積める時間になりますし、これが水道界全体の財産になると思います。

■平等を実現する使命

滝沢　野田社長が触れられたＳＤＧｓについて、日本の水道、東京の水道の価値を提示する上でも興味深い側面があると感じています。

水道はゴール6での貢献が主に取り上げられます。ゴール6はもちろん重要ですが、日本の水道界が誇れるのはゴール10「人や国の不平等をなくそう」への貢献だと認識しています。

日本国民そして東京都民は、どこに住んでいても安全な水が同じように「平等」に入手できます。このことは、先ほど野田社長が言われた通り、現代の日本人にとっては当たり前という認識だと思います。

しかし、これは海外にいくと当たり前ではありません。これは普及率という視点だけではなく、水道が普及していても、水道の給水は「平等」ではないということです。水道給水の地域差、貧富差が顕著です。仮に水道インフラが整備されていても、蛇口をひねっても水が出ないケースは少なくありません。

数年前、当時のＴＳＳの若手社員の方とミャンマー・ヤンゴンにご一緒させていただいた時に、その実態を教えていただいたのです。末端の配水状況を見ていただきたいということで、ある家庭に向かうと、おばあさんと娘さんが蛇口の下にたらいを置いて、水が出るのを待っている姿がありました。一日中蛇口を開いて待っていてもそのたらいには5センチ程度の水しか貯まりません。

この家庭の水道料金は日本のようなメーター検針ではなく、1カ月20立方メートル使用するという前提の固定料金で徴収されていますが、水圧が不足し、1カ月20立方メートルを使うことすら難しいのです。一方で、裕福な世帯が多い地域では、蛇口を捻れば水圧がしっかり確保されていて、私が調べた世帯では1カ月250立方メートル使用しているという状況がありました。しかし、料金形態は1カ月40立方メートルの固定料金で、一日中蛇口を開いていてもたらいに5センチ程度しか貯まらない家庭の2倍でしかありません。

これはヤンゴンだけでなく、多くの開発途上国で見られる状況です。

日本において社会の平等が実現されているということを端的に示すのが水道です。私たちが当たり前と思っている水道は、社会の平等を現しています。

海外のプロジェクトに関わらせていただく際、私の中での一つのテーマは水の不平等をなくすことです。日本では当たり前の水の平等を世界でも実現していくことが何よりも重要だと考えています。

水の平等こそ、日本の水道が世界に誇れることであり、これが「当たり前」だと思える日本国民、東京都民がいることは、世界に誇れることだと思いますし、これをなくしてはいけないのです。

野田　「平等」が脅かされる危機も身近にあると感じますし、その危機を最小限にするための取組み、当社の役割の重要性を実感します。

　令和元年（2019年）の台風19号の被害では道路が崩壊し、奥多摩で長期の断水が発生しました。

　断水中は、当時のTSS、PUCの社員も応急給水活動を行いました。

また、事故対応に備え、当社の社員が24時間365日、対応体制を整えています。

　断水を解消する、危機時に困っている方に水をいち早く届けるということ意識が一人ひとりに刷り込まれていることは、122年の東京の水道事業の歴史の賜物なのだと感じます。

滝沢　水が平等に使える状況を実現し、維持するという気持ちを有するからこそ、有事があれば駆けつけるという行動は、不平等な状況に対する水道人としての落ち着かない気持ちの現れなのではないでしょうか。
　水は平等に使える資源であり、それを実現するのが水道であり、水道事業に携わる者の使命であるという気持ちがあるからだと思います。

野田　先日、西東京市で断水事故があった際に、深夜の復旧作業の現場に向かい、対応に当たった社員の声を聴くと、まさに滝沢先生が言われた使命が社員に刻み込まれている思いを持ちました。

滝沢　突発事象が発生した際の対応力は、マニュアルや強制により身につくものではなく、一人ひとりが達成するべきことを認識し、考えて行動するということだと思います。

東京水道グループの風土というのは、まさにその思いが引き継がれていると感じます。それが若い世代の方に引き継がれていくことは日本の水道界、そして国際貢献という視点でも大きな財産になります。

野田　この使命を全社員が共有、継承し、東京の水道を支えていかなければなりません。

私自身、水道界に携わりまだ短い期間ではありますが、今日のお話を伺い、改めて水道マンとしての使命を肝に銘じたいと思いました。

本日はありがとうございました。

（本対談は日本水道新聞２０２０年12月７日付に掲載された内容を一部修正したものです）

対談2

東京都水道事業運営戦略検討会議
座長代理

石飛　博之

給水工事技術振興財団
専務理事

■コロナ禍の中で

野田　石飛専務には、東京都水道事業運営戦略検討会議の座長代理をお務めいただき、日ごろから東京水道グループの事業運営にもご意見をいただいております。また、本日は対談にあたり、当社の亀戸にある事業所内の研修フィールドをご視察いただきました。この視察も踏まえて本日も是非忌憚のないご意見を賜われればと思います。

石飛　視察では、入社2年目、1年目の社員の方を対象に行うＯＪＴの様子を拝見しました。現場技術者の確保、育成、技術継承の課題が顕在化するのに対応して、貴重な研修メニューだと感じました。これらの人材に関する課題についても意見交換させていただければと思っております。

野田　私自身、東京水道サービス（ＴＳＳ）の社長に就任以降1年余を経て、人材の大切さを強く実感しています。

ご存知の通り、東京水道株式会社（ＴＷ）はコロナ禍の真っ只中での始動となりました。異なる歴史や文化を有する企業同士が一緒になり歩み始めた中で、一体感を醸成するための取組みを数多く仕掛けていければと思っていましたが、新型コロナ感染拡大により予期せぬ状況となりました。現在はこらえながら、なによりも安全な水道の安

ＴＷ研修フィールドでの研修風景

事業所内の研修フィールド

定供給と社員の安全を第一に、当社の一体感の醸成、社員の士気向上に着実に取り組んでいくことを重視し、事業を進めているところです。

■新会社設立にあたり

野田　さまざまな世界の都市ランキングや指標の上位に、ニューヨーク、ロンドン、パリなどと比較される中で「東京」が位置付けられています。東京都を世界ナンバーワンの都市にするということは、長年の都政においても変わらぬ目標として進められてきました。そうした中で、水道において私たち東京水道グループが果たせる貢献は、世界最高水準の水道水を提供する、そして世界最高水準の技術力を持続、発展させていくことに尽きると思っています。都民に供給する水道事業をより盤石なものにするための水道改革であり、その水道改革の一環として当社の発足があると思います。

私のTW設立への思いとしては、風呂敷を広げた話のように聞こえてしまうかもしれませんが、世界一の都市を目指す東京都において、都民に供給する水道事業をしっかりとより盤石なものにしていくために、当社が東京水道グループとしてしっかり支えていきたい、そのような思いで当社の社員一同が取り組んでいくことが大切だと思っています。モチベーションを高く、コンプライアンス意識を強く持って臨んでもらう雰囲気作りに邁進していきたいと思っています。

石飛　私は長年、国の水道行政の立場で東京都の水道事業を見てきましたが、言うまでもなく、東京の水道は日本の水道のトップランナーをずっと走ってきました。事業規模とともに、いかに安心、安全な水を安定供給していくかということについて、常に高い目標を掲げて来られました。

しかし、高度経済成長期を経て、全国の自治体では公務員の削減が急速に進められました。都水道局においても組織の効率化と多摩地域の水道一元化などの課題に取り組む一環として、TSS、PUCというTWの前身となる法人が設立されたものと承知しています。

以前は「監理団体」でしたが、今は「政策連携団体」という名に変わりました。まさしく一つの政策目標を達成するために連携するパートナーという位置付けがより明確になったという印象であり、その意味でのTWの設立は私自身も強い期待を持って受け止めているところです。

政策連携団体を含めた「東京水道グループ」には、歴史の中で培った技術、ノウハウが蓄積され、そして新たに作り出そうという意欲と可能性を強く感じます。また、人材、物的資源、そして経済的な資源も含めて大きな経営資源を育み、保有されています。

ＴＷの設立は、東京水道グループの一員として、これらの経営資源を最大化、最適化していくための形態として動き出したものだと理解しています。

そして一番大切なのは、野田社長が言われたようにやはり人材だと思います。運営戦略検討会議でも議論されていますが、人材の連携を通じて、グループとしての結束をさらに高めていくことも重要であろうと思います。

さまざまな構想を持って動き出したＴＷですが、コロナ禍で困難な状況も多くあったかと思います。加えて、改正水道法の議論が盛り上がっている最中で新たな会社がスタートしたことを「民営化」の動きだという誤解が広まってしまったことへの対応も必要になっているかと思います。

こういった誤解を払拭する上でも、ＴＷの位置づけ、グループ内での役割を丁寧に説明していくことはもちろん、今後の事業の実績を定期的に検証・評価して、歴史の中で築いてきた東京水道グループとしての経営の成果を示していくことがより一層重要になっていくでしょう。私自身も新たに動き出した東京水道グループとしての成果への期待を持っているからこそ、継続的な検証をお願いする次第です。

野田　東京水道グループの使命は、24時間365日、安全でおいしい水をお届けするということともに、やはり利用者の方々に安心感を持っていただくことだと思います。

安心感を持ってもらうための取組みを丁寧に重ねていくことは変わらない課題だと認識しています。

石飛専務が言われた民営化についてですが、都水道局は水道事業の民営化を検討した事実は一度もありません。そのことを継続的に都民の方々に現状をしっかりお伝えする必要があるのだろうと思っています。

そうは言っても、民営化につながる、海外のように水道料金を上げられてしまうのではないかと思われる方もいらっしゃるかと思います。完全に払うことは難しいですが、都水道局とともに東京水道グループである当社が進めていく取組みは、民営化ではないということをしっかり丁寧に説明していくことを継続していきたいと思っています。

その点からも、お客さまの目線に立って職務に向き合う姿勢などを常に見つめ直し、社員のコンプライアンス意識のさらなる確立、危機意識の醸成に取り組んでいくための不断の努力をしていく必要があると強く思っています。

■人材確保に向けて

野田　ＴＳＳの社長就任以降実施してきた事業所への訪問ですが、新会社の発足以降も当社の全事業所に実際に足を運び、若手社員とも積極的に交流し、社員の生の声を聞いてきました。その中で、事業を支える人材の確保と育成が非常に重要であることを再認識し、社員一人ひとりの業務遂行能力のさらなる向上が必要不可欠であると考えているところです。

人材確保については、全国的な傾向と同様に技術系人材の確保が大きな課題になっています。工業高校、高等専門学校や大学にも積極的に足を運び、求人に関するＰＲを積極的に行っているところです。

中途採用についても氷河期採用やリファラル採用の取組み等々の工夫を進め、令和元年度（2019年度）のTSSでの採用は、対前年度比で35％ほど増やすことができました。

令和2年度（2020年度）も引き続き人材確保、育成の強化が重要だと考えておりますが、コロナ禍の影響もあり、地方からの人材確保はこれまで以上に厳しい状況となっています。

入社後の人材育成におけるアフターフォローの充実、OJTの推進は非常に重要だと考えています。当社ではOJT推進の責任者や指導者を選任し実施体制を構築するなど、職場全体で社員の能力伸長に取り組んでいます。石飛専務にご視察いただいた研修フィールドもこの一環で、局OBの社員が持つ豊富なノウハウを継承し、都の水道事業や自主事業をしっかりと遂行できるよう、充実した教育環境も提供していきたいと思っています。

また、技術系人材の確保と同時に、事務系人材との相互の業務理解、融合というのも大切です。水道に関心を持ってくれる若者、技術を極めたいと思ってくれる若者の背中を押せるようなきっかけを作っていきたいと考えています。

石飛　若年層の職業意識の一つの参考として、よくマスコミでも報道される小中学生、高校生を対象としたアンケート結果「将来なりたい職業ランキング」を眺めると、小中学生ではプロのサッカー選手や野球選手、パティシエ、美容師、そして最近だとユーチューバーなど華やかで格好いい仕事とともに、医師、看護師、それから大工さん、建築士、警察官、公務員といった堅実な職業も上位に並びます。

残念ながら水道事業の職員という回答は出てきませんが、興味深いと思ったのは、大工さんや建築士など第二次産業的な職業も上位に入っていることです。

高校生になるとＩＴエンジニア、プログラマー、ものづくりのエンジニアという最近の世相を反映した現実的な職業も上がってきます。

一方、ＩＣＴ、ＡＩの普及が進んでいく職業というのも話題になっていて、銀行取引業務や、ホテルなどの接客業務など、花形と言われてきた職業も機械に取って代わられるだろうと言われています。

では、水道の現場技術者の仕事はというと、あって当たり前で、なくなると大変な職業であるということはなんとなく認識されているのだと思いますが、世の中にその存在があまり知られていないのが現状かと思います。

ＴＷと連携して業務を行う多くの管工事業者は、ご存じの通り、家族経営をはじめとして中小、零細企業が大半を占めます。昨今は残念ながら管工事業協同組合の組織率も低下し、管工事業全体が非常に厳しい状況です。

さらに日本の少子高齢化、人口減少が加速し、管工事業では、外国人労働者を雇用し、技能者として育てる環境づくりも進められています。

こういった変化の中で水道の現場をどうするか、本当に真剣に考えなくてはならない状況に来ていると感じています。

多くの水道現場の業務がＡＩ等を活用した機械に代替される一方、簡素化されながらも技能を持った人手を必要とする現場作業が現に存在し続けるというのも、今後の技術者確保の重要性につながっていると思います。

そして、災害や事故への対応には必ず技能を持った技術者が必要になります。これは未来永劫変わらないでしょう。非常時、災害時に頼りになるパートナーという位置付けで、平時から人材を確保し、育てていくことを強力に進めていかなければいけません。

私は、水道の仕事が縁の下の力持ちであるという自負を持ちながらも、いつまで経っても縁の下の力持ちでいいのだろうかという疑問も合わせ持ってきました。花形の歌舞伎役者になれるわけではありませんが、黒子ではなく、日の目を見るためのPRも必要だと思っています。

野田　海外からの人材の受け入れについてですが、平成31年（2019年）、ベトナムの学生さん数名にTSSにお越しいただき、意見交換の場を設けました。

ベトナムは成長著しい国で非常に活力のある企業が多いと聞いておりますが、現地の企業でなく日本の高い技術力を誇る当社で活躍してほしいと伝えたところ非常に高い関心を持ってくれました。

残念ながらコロナの状況で採用までに至っておりませんが、このような取組みを通じてこれからの水道の現場をどうするかに真剣に向き合い、人材の確保を進めていかなくてはならないと考えています。

石飛　国内の人材、海外からの人材の受け入れの双方においても将来を背負って立つ人材を育成するという視点が、水道界として避けて通れない状況です。

野田　当社の自主事業として国内外への展開は今後の重要な事業の一つと考えています。

国内については、地方出身の社員も多くいますし、当社で学んだノウハウを持って将来は出身地の水道事業に貢献したいというキャリアイメージを持っている社員もいます。

まずは東京都の水道事業をしっかりと支えてもらうことが大切ですが、日本の水道事業の現場をどうするかという意識も持ちながら水道の現場を魅力あるものにしていくことが大切だと考えています。

石飛　その発想はとても素晴らしいですね。

少子高齢化により人口全体の減少割合よりも労働人口の方が急激に減っていくことは確実です。その中で優秀な人材を確保していくのは非常に困難であり、これは本当に水道界を挙げて適時、適材適所の人材を確保していくという戦略を持っていかなければなりません。

野田社長の考えというのはまさしくそのための有力な手段になると思います。

東京水道グループの中でその頭脳を担うにふさわしい優秀な人材を確保し、育てていくことと同時に、東京そしてその周辺でしっかりとした技術者が育っている、また管工事業者が育っているということは非常に大切です。

私自身かねてより運営戦略検討会議の場でも要請し、都水道局として実行もされていらっしゃいますが、地元管工事業者の育成は自らの水道事業を持続させるということと全くイコールです。

当面の事業を行う上でも、技術力や優良な実績を有する企業を加点優遇することや、表彰制度を行うことは、管工事業者側にとっても大きなモチベーションになりますし、東京の水道事業というフィールドで人材が育つ基盤となります。

管工事業者側の自助や協同組合を通じた共助と発注者側の公助を組み合わせながら、管工事業に携わる技術者を確保、育成していくことが一層重要です。

当財団は給水装置工事に携わる技術者の育成が、目的の一つになっています。主任技術者の国家試験、そして令和元年からは改正水道法で導入された工事事業者の更新制度に対応して主任技術者にも5年に1度の研修受講を呼びかけています。

この主任技術者研修のうち、現地研修については令和2年（2020年）秋からCPD（Continuous Professional Development）制度の適用対象としました。また、配管技能の向上を図る実技検定も行っていて、これもCPDの適用対象です。

継続して技能を学び、向上させていく技術者が増え、工事業者の評価の向上につながっていく仕組みが広がり、水道の現場が魅力的なものになっていくことが望まれます。

■多様な活躍の場を

石飛　今日のOJT視察で一つ印象的だったのが、女性社員が研修を受けられていたことです。今や、工事現場では決して珍しいことではないのでしょうが、水道工事の現場に女性がさらに入ってくることは本当に歓迎すべきだと思いながら見学させていただきました。

現場の力仕事では男性の方が優れていて「女性には難しい」というのがこれまでの慣

習だったかと思います。しかし、現場の労働環境が大きく改善され、女性が活躍できるフィールドが広がっています。これからは資機材の軽量化や操作性の向上などさらに改良されていく可能性があると思っています。

また、語学に不安がある外国人の方が現場に入っても施工を確実に行える工法や工具の使い方についても改善の余地があると思います。

若い方に限らず、多様な人材が働きやすい現場環境づくりが水道の仕事の魅力につながっていくと思うのです。

そして、現場の魅力という点では、スマホやタブレットで図面、工程、資機材等を確認し、現場写真も撮影してすぐに事務所に転送して、データとともにデジタル工事台帳に反映するなど、効率的でカッコよくできる工夫というのも学生さんには興味を持ってもらえる糸口になるのかなと思っています。カッコいいと思ってもらえることは大切な要素です。

週休二日の履行や労働環境の問題について改善を図る上でも、効率性、そしてカッコいい魅力ある職場づくりに当財団としても貢献していければと思っています。

ＴＷでは、野田社長自らが社員とコミュニケーションを取られ、地方の学校へのリクルートの働きかけをしておられるというのは、大変心強いと感じています。事務系、技術系、ＩＴ系の仕事を融合させ、より総合的な仕事ができる人材育成、国内外への貢献を視野に入れた展開と合わせて大いに期待しています。

野田　ありがとうございます。技術系の人材不足は深刻な課題です。社を挙げてリクルート活動に取り組んでいることもあり、応募が多いとホッとするのは正直な気持ちとしてあります。

一方で、水道は技術だけでなく、多様なノウハウを持った人材が集い、支えられていると実感します。水道の仕事を魅力的に感じてもらい、水道界に多くの人材を引っ張り込むためのＰＲにしっかりと努めていきたいです。

■これからの広報

野田　石飛専務が厚労省の水道課長時代、東日本大震災の翌年にＰＲの重要性を述べられた記事が印象に残りました。ステークホルダーごとにＰＲの工夫を図らねばならないという内容でした。

石飛　日本においては、とかく言葉に出さなくても気持ちや思いはわかってくれるだろうという日本人の特性的な感性も作用し、ＰＲが後回し、先送りにされてきた面もあるように思います。中でも水道界は典型的に広報が後回しにされてきたと感じています。

今日は人材のお話が中心でしたが、水道事業が改正水道法のもとで基盤強化を図っていく上で、より一層ＰＲは重要になっていくと思います。

求められるのは「私たち水道は頑張っています。良い水を送り届けています。これからも頑張ります」というメッセージではないのですね。かといって将来の危機をあまりに衝撃的に伝えられて水道への不信感を醸成するのも違います。

「これからも安全な水を安定的に供給するためには、将来のための備えが必要です。そのためには皆さん方の経済的な支援も、また精神的な支援も必要です」ということを、それぞれに伝わる方法でお届けするということを考えていかなければいけないと思います。大切なのは、これからの水道が乗り越えなければならない大きなチャレンジに対して、水道利用者が何をすべきか、どういう行動を起こすべきかを理解してもらい、行動してもらうことだと思っています。

先ほど、子どもたちがなりたい職業の話題でユーチューバーが挙がりましたが、私自身もテレビを見る機会が減り、ＹｏｕＴｕｂｅをよく観るのです。テレビではカットされるようなことも赤裸々に語られていて本音を聞けるメディアという印象を持っています。

若い人たちに限らず、面白いと思ってもらえるような発信の仕方というのはどんどん進化しています。旧来の媒体を否定しているわけではありませんが、もっと発信の仕方を工夫していく余地があると思いますし、ＰＲ・広報がこれからますます重要になってくるということは間違いないと思います。

水道界を挙げて、またそれぞれの企業、私たちとしても的確な、相手に届く、相手に響く、そしてアクションにつながる広報を心がけていきたいと考えているところです。

野田　当社もＳＮＳなどのあらゆるツールを活用したより魅力ある職場、仕事を発信していく工夫とともに、幅広い層に届くＰＲを一層意識していくことが必要です。それが最終的に人材の確保、そして東京の水道、日本の水道の持続と発展につながるものと感じています。

本日は、人材という視点から、幅広いご助言をいただきありがとうございました。引き続き、東京水道グループへのご指導をよろしくお願いいたします。

（本対談は日本水道新聞２０２０年12月14日付に掲載された内容を一部修正したものです）

対談3

政策研究大学院大学教授
東京大学名誉教授
家田 仁 土木学会 会長
（肩書は収録時）

■水道の技と人

家田　１９８０年代の後半に当時の西ドイツに留学していた際、ミネラルウォーターの存在を初めて知りました。日本では水道水を当たり前に飲んでいましたから「なぜ使うのか？」と現地の人に聞くと「味が良い」と言うのです。

河川工学の大家である高橋裕先生（東京大学名誉教授）の講義では、日本の水道の水質は世界の中でも段違いに良いという話を伺っていました。

当時のミネラルウォーターへの私の疑問は、日本の水道水質の高さゆえに感じたのだと思います。

野田　そのころから日本でもミネラルウォーターが普及してきたように思います。家田会長は、水道水は飲まれますか？

家田　ボトル水を買うのはもったいないという意識があります。自宅ではやかんに水道水を入れて継ぎ足しながら、沸騰させながら飲んでいます。

野田　家田会長がドイツに行かれた当時から、東京の水道水はさらに良くなっています。利根川・荒川水系を原水とする水道水はすべてオゾン処理と生物活性炭処理を行った高度浄水処理を導入しています。

家田　水源も複数あって、水処理の方法も浄水場によって特性がある、非常に面白いシステムです。浄水場ごとの飲み比べをしてみたくなりますよね。そして時間を経る中で東京の水道は進化を遂げているのですね。

実は、東京都の下水道の現場には何度か伺ったことがあります。過酷な作業環境下で老朽管路の更生やロボットを使った点検など、さまざ

家田会長に「ＴＳリークチェッカー」を紹介
（ＴＳリークチェッカーは、東京水道株式会社と株式会社日本ウォーターソリューションの共同開発製品）

まな工夫をしているのが大変印象的でした。
水道は利用者にとって恩恵も実感しやすい分野です。私は目立たない分野、縁の下の力持ちといった分野に惹かれます。だから砂防や下水の世界のシンパですが、上水道とのご縁はこれまで少なかったですね。

野田　私自身は令和元年（2019年）5月に東京水道サービス（TSS）の社長として水道の仕事に飛び込みました。TSS、そして東京水道株式会社（TW）では、水道の現場の苦労、工夫について初めて知ることが多くありました。

その一つが、家田先生が創設から関わられているインフラメンテナンス大賞で厚生労働大臣賞を受賞した「時間積分式漏水発見器による効率的な漏水発見手法（スクリーニング工法）」です。TSSの社長に就任した年に受賞し、表彰式にも出席させていただ

第3回インフラメンテナンス大賞厚生労働大臣賞を受賞

きました。

漏水を見つけるポイントは音です。漏水時に発生する漏水音をＴＳリークチェッカーという機械を使って水道メータの検針時に検針員が計測し、その解析データと専門技術者が有する現場のノウハウを組み合わせて漏水箇所を絞り込み、修繕対応を的確でかつ効率的に行う技術です。

検針員によるＴＳリークチェッカー計測の様子

家田　機械とともに人の技術がポイントになるのですね。

野田　音聴棒と呼ばれる調査器具を用いて漏水音を聞き分けられる職員が最終的に箇所を絞り込んでいきます。

家田　それは凄い。漏水の音を聞き分ける技術とは素晴らしい。

野田　さすがに音聴棒の調査を管路網の全てでやる

と大変な労力になりますから、機械で調査したデータから絞り込みを行います。

家田　音を測定してデータを集めるシステムも目を引きますが、やはりプロフェッショナルの「匠の技」には魅せられますね。

野田　一方で、こういう技術を持った人が減っていくことへの危機意識も強く持っています。

家田　魅力的な匠の技術という印象ですが、このような人の技術を維持して、職員を確保していくことはこれからもっと難しくなっていくのでしょうね。これはあらゆる分野に共通しています。大切なのは、この技術を外に見せていくことだと思います。

令和2年（2020年）、ユネスコの世界無形文化遺産に宮大工や左官職人の木造建造物を受け継ぐための伝統技術が登録されました。建築界で従事するこういった技能を有する方々は社会の中で高く尊敬される存在になっています。急速な技術の進化を遂げる建築分野でも、熟練された人の力は文化になっています。

まさに漏水調査技術を有する方というのは、そのような存在だと思いますし、インフラメンテナンス大賞を先端技術と匠の技術の組み合わせで取られたというのは、人の力が文化になっていることを現しています。

人の技術をものすごく大切にしながらも、最新の技術を用いて効率化もしている。この漏水発見の手法は本当に素晴らしいですね。

国内外への展開

家田　こういった技術を生かした全国の水道事業体からの支援のニーズというのもあるでしょう。

野田　当社は都水道局からの受託業務が大部分を占めていますが、TSS、PUCの時代からそれぞれに全国の水道事業体の業務も受託してきました。ご紹介した漏水調査技術やTSリークチェッカーのレンタル業務についても延べ70以上の事業体で導入実績があります。

支援において意識しているのは、地方のインフラメンテナンスの担い手の技術継承です。漏水技術に限らずさまざまな支援を展開する中で、現場で求められるノウハウの継承を全国でお手伝いさせていただければと思っています。

さらに今後、営業系業務については10年、技術系業務については20年かけて都水道局から現場業務を移管していく予定です。事業が広がっていく中で、実績を積み重ねていくことでより多様なニーズに対応できるようになっていければと思っています。

家田　海外事業はどうですか。

野田　長年取り組んできましたが、新型コロナの影響で昨年は事業が止まらざるを得ない状況となりました。独立行政法人国際協力機構（ＪＩＣＡ）発注のＯＤＡの案件が中心で、これらの事業のリスクは低いですが、当社独自で進出していくとなるとリスクの見極めは厳しいのが現状です。

家田　アフガニスタンで医療活動に従事しながら、令和元年（２０１９年）に銃撃を受けて命を落とした中村哲さんの大きな功績が現地における水の確保だったというのは水道の価値を象徴する事例だと思っています。土木学会では、活動されている当時から中村先生を表彰しました。「１００の診療所より1本の用水路」と、医師として患者の出口のケアよりも、良い水を供給することの方がずっと大事であることを訴え、行動されました。

世界では、豊富で清潔な水へのニーズがたくさんあるということだと思いますし、豊富で清潔な水というのはインフラの根源中の根源なのだと思います。

世界のニーズに対して、東京の水道のノウハウを生かせないかという期待感はどうしても持ってしまいます。そして産業の問題としても、私は水道を含めてインフラの海外展開は至上命題だと思っています。

国内のインフラが量的な充足に達しているとするならば、外に展開していかないと新しいアイデア、新しい技術は生まれて来ないでしょう。

日本の仕事の流儀に慣れていると海外のシビアな契約環境での仕事は難しいですから、羹に懲りて膾を吹くという民間企業も多くあるように思います。しかし、これを乗り越えなくてはなりません。

大切なのは内なる国際化だと思っています。海外と国内の契約概念の違いを認識しながら少しずつでも変えていかない限りは、競争力は身につかないと思うのです。

野田　当社の現状においては、海外を含む自主事業の割合はごくわずかです。あくまで東京都の水道利用者の安全を守っていくことが基本であり最優先ですので、海外の事業リスクが東京の水道サービスにマイナスの影響を与えるようなことがあってはならないと思っています。しかし、世界水準の高い技術力を誇示していくには、競争力を確保していくための海外展開が重要であることは、家田会長の言われる通りだと思います。

家田　可能な範囲で広げていくことは大切だと思いますし、今後の展開に期待しています。

日本も私が子どもの頃などは、現在日本が支援する開発途上国と変わらない景色だったように思います。

野田　前回の東京五輪当時の記録映像などを見ると実感しますね。

家田　開発途上国と一括りにして「日本が支援する」と言ったところで、日本の方が上かというとそうとも言えない点がたくさんあります。

開発が猛スピードで進んでいるからこそ、技術も制度もわれわれでは考えられない進み方をしている場合があります。ふと気がつくと日本が学ばなくてはならないことが多い状況があるというのも一つの現実として突きつけられています。

野田　デジタル技術が最たる事例なのでしょうね。あっという間に差が開きました。これはもしかしたらあらゆる分野で起こりかねません。謙虚にならないといけないですね。

家田　そうですね。謙虚、そして大胆でなくてはなりませんね。

日本では、革新的な技術を開発しても、実績が乏しいから、マニュアルに無いからと検証を重ねているうちに、外国ではその技術が先行的に使われて大きな成果を残すということは少なくありません。

慎重さももちろん大切ですが、挑戦することも大切です。謙虚さや学びと同時に、社会実装していくためのマインドの変化の必要性を多くの分野で感じます。

インフラメンテナンスの分野で例えると、コンクリート施設の点検の仕様として「近接目視」と定められている場合があるとしましょう。その心は、それと同等に確認ができるもっといい方法があれば、効率的に工夫をしながらやってほしいということなのですが、その心がわからない現場では近接目視にこだわり、橋梁の高所現場に足場を組んで作業をするわけです。

あるリモートセンシングの測量技術を使えば、足場も不要で、費用も時間もかからずにできます。点検技術以外でも革新的な技術は国内外では次々に生まれています。日本で課題になっているのは技術開発力ではなく、むしろ社会の中への実装を阻害する硬直した制度と、旧弊に満ちた契約慣行なのではないでしょうか。

■魅力ある職場へ

野田　現在の当社の一つの課題が人材確保、採用です。これは、水道および建設業界全体に共通しているかと思います。土木系をはじめとする技術系職員の採用に苦慮する状況が続いています。

当社では、従来の新卒採用、中途採用に加え、実績のある技術者のリファラル採用を始めました。また、就職氷河期世代の方の採用についても取り組んでいるところです。

人材確保の問題は、コロナ禍の影響でより深刻さを増しています。地方に出向きリクルート活動を展開することが難しくなっていますし、地方の方の首都圏への就職意欲も落ち込んでいる状況です。

家田　マッチングがうまくいっていないという状況もあるのではないでしょうか。

野田　それもあると思います。当社の知名度が依然として高くないということもありますし、就職全般に起こるミスマッチも課題のように感じます。

当社へ就職を希望する方は、全国の自治体への就職も視野に入れているので、自治体と比較されることが多いようです。とは言え、自治体に人を取られているというと必ずしもそういうわけではなく、自治体から当社への転職を志望するケースも散見されています。

家田　受発注の関係性が官と民で明確に分かれていることが公共事業の特性かもしれませんが、人材確保や実務上の効率性を上げていくには、協調できる領域がありそうですよね。

野田　東京水道グループとしては、局とＴＷ一体の合同研修や、人材交流の活性化による人材育成の充実に取り組んでいるところです。

当社の社員の思いを聞くと、水道に従事する者、インフラに携わる者として、社会貢献への思いが強いというのも共通しているように感じます。

新型コロナ禍では、東京都として軽症患者の受け入れを行う宿泊療養施設の業務を受けており、当社からも社員を派遣しています。令和元年東日本台風の際には、多摩地域においても都水道局としても近年にはない規模の断水被害を受けました。道路崩落に伴う管路の破断が発生し、復旧作業や断水中の応急給水の支援を行いました。緊急時もそうですが、社会に貢献できるというモチベーションを若手社員が持ってくれているのは本当に心強いです。

家田　官民の隔てなく活動できる領域でいかに連携できるかというのは、重要な視点になると思います。中でも危機管理は重要になるでしょうね。

写真を拝見すると、ユニフォームが特徴的ですね。水色のヘルメットというのはなかなかユニークですね。

野田　水道局とTWでは色使いやシルエットがわずかに異なりますが、東京水道グループの作業着、ヘルメットが青というのは、あまり知られていないと思います。

家田　消防職員のオレンジ色のユニフォームや自衛隊の迷彩服は、誰が見てもその活動が目立ちますし、社会に貢献する職業としてのイメージが明確に印象づきます。土木系の活動にもそういったイメージ戦略は必要かもしれません。

「かっこいい」ことは大切だと思います。カッコいいなと見られているという思いは働く意識に変化をもたらします。緊急隊員や特殊作業の部隊などから変えていくというのも手ですよね。国土交通省ではＴＥＣ―ＦＯＲＣＥの活動がすっかり定着しましたよね。

野田　社会に貢献したいという意識、やりがいを生かしていく新たな枠組みを社内で考えていくこと、そして見せ方が大切ですね。

■これからの水道

家田　土木学会の初代会長だった古市公威先生は、大正３年（１９１４年）の第１回の土木学会の総会の講演で衛生の重要性を強く示しています。土木学会においては現在の環境工学委員会がその役割を担っています。

私が１０８代目の会長として着任し、新型コロナウイルスというまさに衛生の問題に直面しました。

その中で土木学会では、令和2年（２０２０年）7月に「ＣＯＶＩＤ―19災禍を踏まえた社会とインフラの転換に関する声明―新しい技術と価値観による垂直展開―」を発表しました。

「ポストパンデミック時代」のインフラのあり方、土木のあり方を検討する上で、衛生の価値というのが土木のあり方においても見直される契機になりました。手を洗おうという時にきれいな水が蛇口から出るということの大切さを近年これほどまでに意識したことはなかったでしょう。

清潔な水、水に関連する清潔なサービスによって衛生が達成されるとすると、衛生的に健康で快適な暮らしを創出している水道の価値というのをもう一度見直し、脚光を浴びさせなくてはならないと思っています。

TWが担っている役割にも光を当てることが必要だと思いますし、そういった面からの発信にも期待するところです。一段、二段上の仕掛けがあってもいいと思います。

野田　当たり前になっていることへの理解を促していくには、まずは情報発信が大切だと思って取り組んできましたし、今後も重点的に取り組んでいければと思っています。会長がおっしゃった一段、二段上の仕掛けというのは興味深いところです。

家田　具体的には、次のリスクを予見した動きというのが考えられると思います。見えない物の安全リスクを伝える、理解してもらうというのは本当に難しいことです。土木技術者の多くは、物理学は得意なのですが、目に見えない化学、生物学など医学に近い領域については苦手です。

水道というのは、土木の一分野としてまさにその多くの土木技術者が苦手な領域を担っています。

幅広く科学的な知識、判断力を有し、目に見えない物への安全リスクにアプローチできる水道のちから、これから業務領域を広げていく中でのTWの役割というのは大いに期待されるものと思っています。

その上で大切なのは、専門領域に縛られないことだと思います。

これからは、知的能力が一定あれば、文系・理系、専門学問を問わない時代になっていくでしょう。

土木学会は約4万人の会員がいますが、専門屋の寄せ集めではいけないと思っています。社会の課題に対する専門性のインテグレートが大切だと思うのです。

野田　本日の話題になった技術継承、国内外への展開、雇用などあらゆる課題への対応を含めて、当社そして水道分野においてもそういった視点が求められますね。

家田　文系・理系問わず、科学的知見に基づいて適切な判断をするというのは共通して大切なことです。知的な能力を育成することが大切だと思います。

野田　本日は貴重なお話を伺うことができました。ありがとうございました。

（本対談は日本水道新聞２０２１年３月29日付に掲載された内容を一部修正したものです）

第3編

東京水道の未来
社員と語らう

令和２年（2020年）に誕生した東京水道株式会社。統合から２年目を迎え、東京水道サービス、PUCそれぞれの社員が融合を図りながら新たな“東京水道”の文化が生まれている。技術、お客さまサービスそしてIT分野の専門職として現場の第一線で活躍する社員と東京水道サービス、PUCが育んできた歴史と経験、そして未来に向かう上での東京水道の展望と課題について語り合った。

■これまでの経験

野田　東京水道（ＴＷ）が事業を開始し、2年目を迎えました。新型コロナウイルスの対応に追われ、社内のコミュニケーションが十分に取れない状況が続いていますが、私自身、皆さんとのこのような座談会の機会を楽しみにしておりました。皆さんが現場で感じられていること、そして未来への思いを伺い、ＴＷのこれからを語り合えればと思います。

まずは、皆さんの簡単な自己紹介からお願いいたします。

竹内　私は現在、区部の営業所で給水管工事事務所の所長を務めています。指定給水装置工事事業者での勤務を経て、中途で入社しました。入社から11年間、ずっと給水装置関連の業務に携わってきました。

東京水道あんしん診断相談室の立ち上げや、貯水槽水道点検調査業務の体制構築にも関わらせていただきました。

川瀬　私は、本社で本管設計課長を務めています。新卒で入社し、17年間、管路の維持管理・設計や、多摩地区の管路維持業務の企画調整等を担当してきました。

　また、民間会社である設計コンサルタントへの出向、都水道局建設部への研修派遣を含めて、社内外で貴重な経験をさせていただいています。

小林　私は、多摩地区の浄水場で所長を務めています。社名が水道総合サービスから東京水道サービス（ＴＳＳ）へ変更された翌年の平成14年（２００２年）に新卒で入社しました。設備職で入社しましたが、入社時はまだ設備職の業務が少なかったため、土木職の仕事も経験しました。19年間の社歴の中の1年間は、都水道局浄水部設備課への研修派遣も経験させていただきました。

若宮　私は中途で入社し、現在は、多摩地区のサービスステーションの所長を務めています。

　海外での古着の買い付けや、販売の仕事を経験した後に中途で入社し、検針、収納、営業など営業所での料金徴収業務全般を多摩地区のサービスステーション、区部の営業所で担当してきました。前職で海外経験があったこともあり、ミャンマーでの料金徴収等の研修業務にも関わらせて頂きました。

寺田　私は中途で入社し、現在は、多摩地区のサービスステーションの所長を務めています。令和3年（2021年）で入社14年目になります。4年間務めた区部の営業所で一緒に仕事をしていた若宮所長は収納業務の経験が長いですが、私は検針業務に長く従事してきました。昨年度から所長となり、仲間に助けられながら、日々奮闘中です。

吉田　私は本日、唯一のIT職として出席しています。中途で入社して20年目になりました。システムの保守や開発を経験してきました。PUC時代にもTSSのシステム開発や、水道以外の官公庁に関連したシステムの開発に関わってきたことはIT職ならではの経験だと思います。現在はIT業務の進捗管理、開発業務を担当しています。

当社は、性別に関係なく仕事ができる環境だったこと、多くの人との関わりを持ちながらやってこられたことが本当に良かったと、19年間を振り返って思っています。

野田　私も自己紹介させていただきます。昭和48年（1973年）の生まれで48才です。団塊ジュニアと言われる世代で職人の祖父、頑固親父のもと、昭和的な家庭環境で育ちました。

大学を卒業したのが平成9年（1997年）です。大手の証券会社や銀行が倒産し、それまで当たり前だった社会の価値観が変化した時期で、雇用情勢も過渡期だったと思います。

正社員になれなかった仲間が多くいましたし、社会に出るときに躓き、自信を喪失してしまうという姿を見てきました。昨年から当社で行っている就職氷河期世代の積極的な採用の実施には、そういった状況に触れてきたことも背景の一つにあります。

ご存知の通り、水道との関わりは、皆さんと比べて圧倒的に短いです。これまで経験してきた政治、行政の経験から、水道の仕事で実現したいと思う一つのことがあります。それは、「安定」を実現したいという思いです。都民のくらしと都市の活動を支え、お客さまに質の高いサービスを提供し続けていく「安定」の実現であり、この思いはTWの経営方針にも込めていきます。皆さんの力をお借りしながらよりよい会社作りを進めていきたいと思っています。

■1年を振り返って

野田　TW発足からこれまでを振り返って、皆さんの思いを伺いたいと思います。

寺田　思い返せば1年前まで、局の方からは私たちPUC出身は「Pさん」、TSSは「T

さん」と呼ばれていました。新会社になったことで「ＴＷさん」と呼ばれるようになり、私自身も電話に出る際「東京水道の寺田です」と言うことに、こそばゆさを感じながら始まった４月でした。その時からコロナ禍の影響を受けていましたので、縮小シフトや現場の人数削減などで思うようにＴＳＳ出身の方との密なコミュニケーションが取れず、苦労しました。

現在もコロナ禍で思うようなコミュニケーションが取れない状況ではありますが、確実に距離は縮まっていると感じます。事故や突発的なことが起こった際に一緒に考える時間が増えたことで、雑談する機会も増えました。合言葉のように、「コロナ禍が明けたら飲みに行こう」という声が聞こえてきます。

新会社の強みや特徴という点では、首都東京で技術系と事務系のそれぞれのスペシャリストが一つの会社になったということが大きなストロングポイントではないかと思います。ただ、やはり今はコミュニケーション不足などでストロングポイントが最大限に生かし切れていないとも感じています。これが生かせるようになれば、当社は日本全国でも知名度の高い会社になれるポテンシャルを十分に持っているように感じます。

課題としては、コミュニケーション不足の話にもつながることですが、情報系統に若干のばらつきを感じます。統合してまだ1年ですので、これからの時間の中で解決につながっていくものだと思います。現在は、合併したTWとして一緒に取り組み、それが少しずつ成果として現れてきている状況だと思います。

川瀬　TSSの時の雰囲気と比較して1年を通じて感じるのがコンプライアンスのさらなる徹底を図ろうという機運が高まったことです。

東京都の政策連携団体として、都との関係を踏まえても、さらに強化していかなければいけない課題であり、社員一人ひとりの意識の向上は確実に図られています。一方、その行き過ぎは縛りと感じられ、個々のモチベーションを低下させてしまう恐れもあるので、コンプライアンスとモチベーションの両立を図る工夫というのがより重要になってくると感じています。

実務については、令和2年（2020年）11月、社長を委員長とした「DX推進検討委員会」が立ち上がり、私が構成員を務めている「適正業務遂行ICT活用検討部会」では、工事監督業務の進捗管理をシステム化する検討を進めています。そこにPUCの

ＩＴ部門も参加し、業務改善に取り組んでいる最中です。こういった取組みが現場で具体化していくことで、統合の効果が実感されていくものと感じています。

また、育児休暇制度などの福利厚生面については、さらに改善が図られ、ライフワークバランスのとれた働きやすい環境づくりが進んでいると実感します。ＰＵＣとＴＳＳの両社の良いところが反映されているという印象です。

野田　職場の環境整備や制度の改善については、積極的に提案してもらえる環境を引き続き作っていきたいと思っています。コンプライアンスの遵守は、非常に重要な問題であり、統合後の最重要課題の一つとして取り組んできました。しかし、コンプライアンス違反を恐れて萎縮してしまい、結果的に水道サービスの低下を招くということは避けなければなりません。現場での課題も散見されますので、コンプライアンスの徹底は基本としながらも、早期に改善を図っていきたいと思います。

■仕事のやりがい

野田　水道の仕事の「やりがい」という視点でもお話を伺いたいと思います。

竹内　新たな事業や体制の立ち上げの経験、チームで目標に向かい、みんなでやり切るという経験には強いやりがいを感じてきました。

また、仕事の幅を広げてくれる上司との出会いは自分自身の仕事に大きな影響を与えるものでした。

研修講師や他都市への技術支援などは、自分にとって本当に大きな課題でしたが、上司の助言のもとでやり遂げることができ、仕事の幅が自然と広がっていきました。

「やりがい」とともに人との関係が大切だと思います。皆が穏やかに仲良く協力し合って仕事をしている雰囲気があると、それだけで当社で仕事していることに嬉しさを感じます。

小林　私は、朝と帰りに浄水場内の水道水を自分で飲んで、安心でおいしい水をお届けしているというお客さまへの使命を五感で感じています。しかし、設備職は「お客さま」、つまり水道の利用者の方と直接お話しする機会がほとんどない職種です。そのため自分たちが浄水処理してお届けした水がお客さまにどのように感じられているのかを知る機会が少ないという一面もあります。

今から6~7年前、別の浄水場に勤務していた時、浄水場の見学会に家族を連れて行きました。当時、子どもは小学生と保育園児でしたので、説明の内容をすべて理解することは難しかったのですが、原水がどんどんきれいになっていく状況を見て、「すごいね」と率直に感想を話してくれました。ミネラルウォーターと浄水場の水の利き水では「分からない。でもどっちも美味しいね」と言ってくれて、嬉しくてやりがいにつながりました。この体験後も子供たちは水道に関する質問をしてくることがありました。

今は大きくなった子供達、そして妻も、私がTSS時代に出演したYouTube動画を見つけたり、野田社長のTwitterをフォローしたりしています。今は浄水場の見学はコロナ禍やセキュリティへの配慮から難しい面もありますが、子供たちへ親の職場、働く姿を見せることは私たち社員のやりがいにもつながるのではないかと思います。

吉田　私も大勢のオペレーターが働くお客さまセンターを見た時は、これだけ多くの人が水道を支えているのかと感動しました。実際に現場を見ることは重要だと感じます。

野田　私の家族も水道の仕事に関わるようになってから水道に関心を持ち始めていま

す。私もそうですが、現場を見ると水道の仕事への認識、理解が大きく変わります。東京2020大会、そしてコロナ禍が落ち着いてからということにならざるを得ない状況ですが、社員のやりがい、お客さまの理解につながる現場の見せ方、伝え方の工夫を考えていきたいと思います。

■技術、気風の継承

野田　PUCは55年、TSSは34年にわたるそれぞれの歴史を重ねてきました。そして東京都の水道事業は120年余の歴史を基礎に現在があります。この歴史の中で先輩から引き継がれてきた思い、先輩から学んできたことを皆さんの経験から伺えればと思います。

吉田　PUCは、IT企業として長い歴史を持ち、多くの先輩方がいらっしゃいます。私自身、これまで新規案件や保守に関する業務を手掛けてきましたが、先輩に言われて印象に残っている言葉は「自分で自分の上限を決めるな」というものです。新規案件ですとお客さまもその完成形が分からない中で、お互いにゼロから作り上げていくので、ツールや媒体を使いながらまずはやってみることが重要だと思います。経験のない技術、経験のない業務だからできないなどと言わずに挑戦する。せっかくの機会を逃さないでもらいたいと思います。ないものを作り出すという経験を積んでもらいたいと思います。

野田　そう言ってくれる先輩がいらっしゃったことが非常に良かったですね。若い頃や、入社したばかりの頃は期待よりも不安の方が大きいでしょうから、社内にそういった文化があることは重要だと思います。

若宮　先輩方がかけて下さる言葉で仕事の捉え方が大きく変わります。私自身は、先輩から「自分の成績だけよくても駄目なんだよ。困っている人を助ける人が評価されるんだ」と言っていただいたのが印象的です。

仲間を思いやる気持ち、精神が大切だと教えられました。もう一つ、辛い時は愚痴を言えるといいかなと思います。愚痴を言えれば気持ちが楽になる部分がありますし、愚痴を聞くことで困った人を助けられればいいなと思います。仕事の愚痴を仲間と言い合える環境を作ることも思いやりかもしれません。

野田　コロナ禍の今こそ、まさにこのことが大切なのかもしれません。公の仕事、水道の仕事に携わるエッセンシャルワーカーとしての気持ちの持ち方、心づもりは大切ですが、良い時も辛い時も仕事への思いを発散できる環境づくり、そして若宮さんの先輩が言われた助け合う思いというのが大切ですし、そういった風土が現場の中で引き継がれていることが東京水道の強みなのだなと実感します。

■豊かな価値とは

野田　当社は経営理念として「東京水道グループの一員として高いコンプライアンスのもと、豊富な経験と確かな技術力で社会に貢献し、お客さまの満足度の向上と豊かな価値を創造する企業を目指します」と掲げました。この経営理念で示した「豊かな価値」について、皆さんのそれぞれの立場、役割から日々感じていることを伺っていきたいと思います。

寺田　私は「経験に基づく信頼」が、当社が生み出す豊かな価値なのではないかと思いました。私たちの仕事は、人々の生活が良くなるような画期的なアイデアを生み出して対価を得るようなものではありません。都民のお客さまからの信頼が対価となる仕事ではないかと思います。

トラブルや事故を起こせば信頼は下がります。一度失ってしまった信頼を取り戻すことは本当に大変なことですが、地道にリカバーし、さらなる信頼を獲得していく気概で改善を図っていくことが大切だと思っています。

仕事には成功も失敗も付きものです。良いこと、悪いことを含めて培った経験はすべて信頼につなげる。そして当社の社員ならそれができると確信しています。

野田　まさにこの都民のお客さまからの信頼は現在、当社にとって豊かな価値でありますし、非常に大切なことだと実感しながらお話を伺っていました。

竹内　私は「みんなが喜ぶ」を豊かな価値を表す言葉として選びました。ここでいう「みんな」は、お客さまや国内の他都市や海外の水道事業体かもしれませんし、私たち社員でもあると思います。私たちの技術で課題を解決したり、さまざまな場所で快適さを得たりすることができればと思っています。安全でおいしい水の提供に寄与していくことは揺るぎませんし、その技術は持っていますので、それに立脚していればフレキシブルな手法、新しいやり方を生み出すことができると考えています。

野田　「みんなが」はとても大切なフレーズです。当社のあらゆるステークホルダーに向けて当社が生み出すことのできる価値について、大きな視野をもって見つめ続けていくことが大切ですね。そういった視点を多くの社員に持ち続けてもらいながら、業務にあたっていただきたいですね。

小林　私が考えた豊かな価値を表す言葉は「孫の手」です。孫の手は、背中を掻いてもらう孫がいなくても、また、孫がいても掻いてくれない時などでもかゆい所に手が届く素晴らしい製品だと思います。それを当社に置き換えて、水道インフラが整っていない発展途上国への支援、漏水などに悩む国に技術でサポートする。国内においては技術者不足などをフォローする、かゆい所に手が届くサービスで支援することが、豊かな価値の創造につながっていると考えています。さらに孫の手は使う側の発想によって、遠くのリモコンを取ったりすることに使うなど、意図しないところで付加価値のあるサービスを生み出します。このように当社の持つ技術を他の事業体で生かしていただくことにもつながるのではないかと思います。

野田　オリジナリティー溢れるご意見でした。当社から提案するだけではなく、課題を抱えている事業体には「当社にはこのような技術とノウハウがあります」と提示して、ともに考えていけるような企業が、今後も豊かな価値を生みだし続けていくことにつながるのだと思います。

若宮　私は、豊かな価値とは「ホスピタリティ」だと考えました。社員を含めたステークホルダーもそうですが、当社の業務はいくらAIが発達した時代になったとしても、人間の持つ優しさや思いやりを持って、「人のためにする業務」です。自分を律し、主体的に行動することがホスピタリティの本質だと思います。例えば、お客さまに対してもちょっとした気遣いのプラスアルファで、よりよく仕事が進むのだと思います。われわれ人間にしかできないことを拡げていけば、新たな価値につながるのではないかと思います。

野田　東京2020大会を象徴する言葉の一つである「おもてなし」につながる言葉ですね。お客さま対応では限られたルールの中でどう信頼関係を構築していくか、納得感を得てどう先に進んでいくかが課題となりますが、ホスピタリティは当社のどのような業務であってもシンプルで拠り所となる言葉ですね。

吉田　私は、大前提として「安心・安全」、そして「お客さまの中で具現化していない未来の実現」が豊かな価値につながるものだと考えています。現在もＩＴ部門で取り組んでいることとして、お客さまからの要望をすべてシステム化するのではなく、事務の効率化を図ることでお客さまの新たな時間を生み出し、提供することができるよう意識して取り組みます。その上で大切なのが、各分野のエキスパートの存在、そしてコミュニケーションの時間です。システムを構築する上で大切になるのがコミュニケーションであり、プログラムを作る上では、現場の悩みを聞き出すコミュニケーションに最も時間を費やします。当社には水道のエキスパートがたくさんいます。お客さまと当社のエキスパートとのコミュニケーションから「こういうことができるんだ」というアイデアを生み出していくことが、これからの新たな価値に繋がっていくのではないかと思います。

野田　これからの時代においてＩＴのニーズの高まりは言うまでもありませんが、システム構築などでもコミュニケーションに最も時間をかけるというのは、大変印象的です。当社のすべての業務に共通するアプローチですね。

川瀬　私は自身が与えられる「豊かな価値とは？」という問いに対し「迅速な管路更新（耐震化）」を挙げました。私の担当する設計業務に直結する「管路の更新」、これに尽きると思っています。これは、地震大国日本におけるライフライン事業の喫緊の課題と捉えています。それに邁進していければと思います。

野田　当社の土木系業務の最たるミッションだと思います。日々の業務に追われていると、その業務の重要性、なぜ私たちはこの業務を担っているのかを忘れがちになると思うのですが、振り返るとそこが原点、立ち返る場所なのだろうと感じました。

■TWの未来

野田　最後に皆さんと話し合いたいキーワードは当社の未来についてです。「豊かな価値」と同じように皆さんが上げるキーワードからお話を伺いたいと思います。

川瀬　私は、「社員の定着」をキーワードに挙げました。新たに入社していただく社員も大勢いますが、悲しいことに退職者も少なからずいるのが現状です。TWという大き

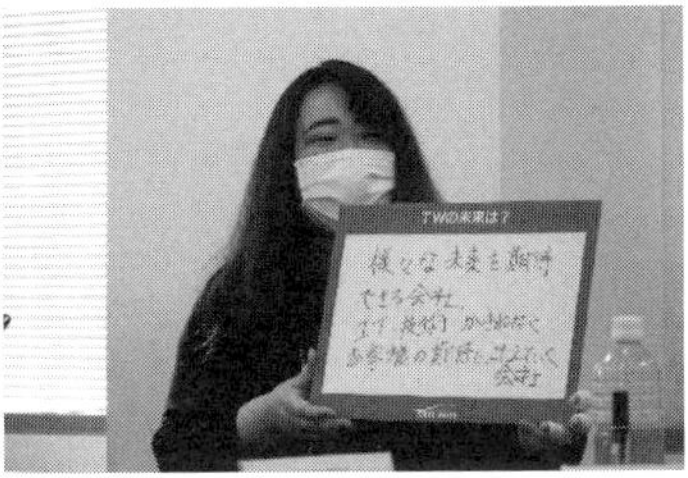
座談会では社員の思いをパネルに書いて紹介

な企業になりましたが、管路整備の個々の現場は概ね10人強の課としてチームで動いています。一人ひとりに蓄積された経験、ノウハウは貴重な戦力です。水道という、日常生活に不可欠なラインラインを守る企業として、会社の魅力を更に高めていくことで、社員が定着しやすい職場づくりを進めていければと思います。

吉田　私は、「様々な未来を期待できる会社、ＩＴや技術などの職種の垣根なく、お客さまの期待に応えていく会社」になっていく期待を持っています。

「様々な未来」というのは、私達の世代と下の世代とで本当に考え方や価値観が違うので、会社に求めるものも異なるのではないかと思います。それぞれ未来の自分が、この会社にいる青写真をより多様に具体的に描けるような会社になってほしいという思いがあります。

ＩＴ、技術については、特にＩＴ職については他の部署となかなか接点がないので、

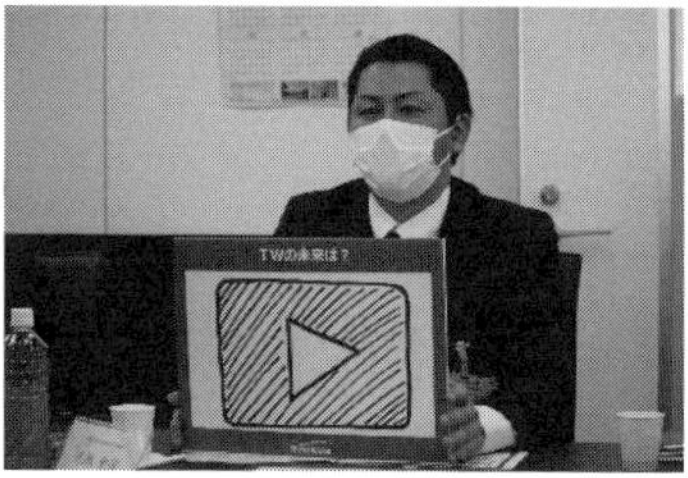

人材交流を通じて機会を増やし、同じ会社の仲間としてより実感を持ちながら進めていければと思っています。

若宮　私は「貢献」としました。吉田課長の思いと同じという気持ちで話を伺っていました。東京の水道を守るという貢献、そしてさらには当社の社員が持ち合わせる高い技術力やノウハウを、日本だけでなく世界に広げることで社会貢献していきたい、水道事業で培ったノウハウや技術を生かし、将来は水道事業以外でも世の中に貢献できるような会社になっていくのではないかとの期待を込めました。

小林　私は、YouTubeの再生アイコンをパネルに書かせてもらいました。「目指せ、YouTubeチャンネル登録100万人」です。何を実現したいかというと、YouTubeは一例として、とにかく多くの人に当社のことを知っていただきたいということです。私たちは水道に従事しているからこそ水道に興味があり、情報も収集しますが、そうでなければ水道や水道の会社を調べることはほぼないと思います。

当社もＹｏｕＴｕｂｅチャンネルを持っていますが、まだまだ登録者は少ないです。社外の方が素直に「いいね」と思って登録してくれるような多様なコンテンツを発信するなどしてＹｏｕＴｕｂｅに限らず、多くの人に知ってもらえる会社になっていきたいと思います。

竹内　私は「明るい！」としました。自分たちの手で明るくしていくという気持ちです。とにかく皆が一生懸命仕事をしていますし、若手の仲間も頑張っています。水道の仕事が好きだという思いを皆さんから感じます。皆が活躍できるような場を作る、意欲を持って仲間を押し上げていける職場を、引き続き作って行きたいと思います。

寺田　私は「Ｔｏｐ ｏｆ 水道」と書きました。私の子どもがある地方で一人暮らしをしていて、水道料金の請求書は私の手元に来るのですが、非常に料金が高いんです。あまりに高いので請求書をよく見ると、前回指針・今回指針・使用水量も記入されていないので、自治体に電話しましたが、いわゆるたらい回しとなりました。ふと思ったのは、地域の方はこれで満足しているのだろうかと、それと同時に、当社が貢献できるところはまだまだあるのではないかと感じました。このような社会貢献を続けていけば、いずれは水道業界のトップに立つことができるのではないかと考えています。

■誇りと自信

野田　本当に貴重なご意見を聞くことができました。豊かな価値と当社の未来ということで、それぞれが多様な解答を提示いただきました。どの意見も納得しながら伺いました。

私なりに「豊かな価値」「TWの未来」を考えてみました。

間近に迫っていることとしては都水道局からの包括受託を含めた業務移転が当面の重要な課題です。結果として、この移転が当社の成長の柱となり、すべて実現することによって、技術力も会社規模も大きくなっていきます。これと並行しながら国内外への展開のニーズも高まってくると思います。

業務移転は遠い未来ではありません。咀嚼しながら丁寧に受けることが必要だと思います。その上で都水道局からの受託業務以外の自主事業を今後どのように展開していくかという議論や検討の中で、それぞれの部署にシナジー効果が加わってくると思いますので、業務移転がしっかりと行われることを望みたいと思います。

「豊かな価値」に関しては、対象を誰とするかで答えも変わってきますが、ここでは当社の社員に絞って考えてみました。私は、「誇り、自信」だと思います。私たちは、社会貢献度の高い事業をしているという静かな強い自信と責任感を持って実績を重ねていけば、そこに誇りが自ずと生まれてくるはずです。

本日の皆さんの話を伺っていても、社会貢献性というのが当社の魅力だと思いましたし、その思いを強く持っている方が多くいて、それは脈々と引き継がれていると実感しました。自分の自信や誇りを社会貢献性の一つの裏付けにできるという点に豊かな価値を感じます。

謙虚に志高く、他者のために働くことが定着していけば、おのずと一人一人の意識にさらに浸透していくとも思いますし、ＴＷの誕生により、さらに社会貢献性は増していくことと思います。

ＴＷが有するさまざまな専門性や風土の利点が自然と噛み合って、〝東京水道株式会社〟の社風が育まれていくものと思います。冒頭にも申し上げましたが、引き続き皆さんの力をお借りしながらよりよい会社作りを進めていきたいと思っています。本日はありがとうございました。

第4編

若手社員へのエール

災害対応とコロナ禍

著者が東京水道サービス株式会社の社長に就いてから２年。この間に東京水道株式会社の発足という東京水道グループにとっての大きな転換点を経た。東京水道グループのガバナンス体制の大きな変化とともに、ライフラインに携わる者にとっての宿命とも言える、自然災害、そしてコロナ禍という危機管理に関わる重大事象も生じた。東京水道改革、そして危機管理事象の中で著者が目にした社員の奮闘から、東京水道株式会社で働く若手社員へのエールを記した。

■将来のための若手の育成

今、世界はコロナ禍による経済の変調に苦しんでいる。また日本全体が成熟社会に突入し、水道界も高度成長期に建設された施設更新などで事業継続に腐心している。しかし、当社はそのような環境にあっても、むしろ成長していくことができる会社である。

今年策定された都水道局の「東京水道経営プラン２０２１」では、都水道局は、現在公務員である水道局職員が行っている営業系業務については今後10年間で、技術系業務については今後20年間で、政策連携団体へと移転し、グループ経営を強化していく方針が明らかにされている。

すなわち、現在は多摩全域と区部8カ所で受託している営業所は区部・多摩全域を受託範囲とし、技術系であれば朝霞浄水場や金町浄水場といった日量１００万トンを超える巨大浄水場の運転管理なども、当社が受託していくことになる。

文字通り、日本の首都を支える東京水道の現場をほぼ全て担う会社になるということであり、その責任の大きさは計り知れない。

勿論、ある日突然全ての業務が所管替えされるわけではないので、当社はそれまでに徐々に社員を増やし、都水道局から１２０年を超える世界有数の水道事業運営の技術・ノウハウの移転を受け、実力を高め養っていかなくてはならない。

このビッグプロジェクトを成し遂げるためには、まずは若手社員の育成である。ＴＳＳという会社は、都の技術やノウハウの移転を受けている成長途上の会社であり、都の豊富な経験を持った退職ＯＢを受け入れ、彼らが、ＴＳＳが独自に雇用したプロパー社員に技術指導する、という形をとっていた。

私は、社長就任直後から、事業所訪問の後に懇親会などの機会を持つように心掛けており、そのような場で若手社員と腹を割って話すようにしていたが、そういう中で、プロパー社員はどうしても都ＯＢ社員に対して遠慮するようなところがあり、それが彼らのモチベーションを下げ、成長の壁にもなっていると感じていた。若い彼らにもっと自信を持って意見を言ってもらいたい、壁を破って都のＯＢを超えて成長してもらいたい、そう考えて始めたのが「若手社員発想プロジェクトチーム」の取組みである。

■若手社員発想PT（プロジェクトチーム）

若手プロパー社員が、都水道局から受け継いだ業務を時代に合わせて変化させていくために、水道局主体の改善だけでなく、現場の発想で積極的に自ら考え、業務改善につなげていく習慣をつけてもらうことが、このPTの目的である。

まずプロパー社員の中から、やる気と実力がある男女を66名選抜した。水源林・貯水池チーム、小管・本管の設計工事監督チーム、給水装置チーム、国内外の自主事業チームなど、全部で九つの事業分野に分けた。さらに彼らのロールモデルとなるようなプロパーの中堅社員を指導役として加え、じっくり4か月間、腰を据えて自分たちの業務について話し合ってもらった。自分たちの業務の問題は何なのか、それを解決するためにはどうしたらよいのか、空理空論ではなく、実際に都に政策提案できるレベルまで高めてもらう。話し合いの頻度、調査・分析、プレゼン資料の作成も、すべて彼らに自発的に取り組んでもらった。

彼らには令和元年（2019年）11月29日、本社大会議室において、都からの現職派遣を含む社の経営陣に対してプレゼンテーションをしてもらった。いずれも現場の悩みから生まれた地に足の着いた改善提案であり、水道局に対してＴＳＳからの政策提案という形で提出することになった。

社の幹部に聞くと、区部・多摩を問わず全社より若手を選抜して横断的に検討してもらい、提案してもらうという取組みは、社が始まって以来、初めての試み、ということであった。

経営幹部の前に出てプレゼンテーションをする彼らは、自信に満ち、たくましく成長していた。

この試みは、統合を経た現在の東京水道株式会社においても、営業系・ＩＴ系の社員を加えて続けられている。

■令和元年東日本台風

当社が、統合を経て東京水道の現場業務の担い手として立派に独り立ちできるか。それは、平常時の水道事業を安定的に運営できるか、ということだけではない。水道の供給には人の命がかかっている。

大災害の時も水を絶やさず供給することができるか。ハード面の整備は勿論だが、万が一、施設が破壊されたらどうするのか。最終的には人が動くしかない。水道事業体は、地方公務員が運営しているが、当社は民間企業であり、社員は民間人だ。大災害の時にも公務員に伍して機能することが求められる。

令和元年（２０１９年）10月6日に発生し、12日に東京を直撃した台風19号は、東京都内にも大きな被害を及ぼした。被害に遭われた方に、心からお悔やみを申し上げたい。

ＴＳＳは普段から24時間、３６５日、万が一の事故に備えて待機態勢をとっているが、台風が東京を直撃したこの日も、待機態勢は整えられていた。日付が変わる頃には、台風は東京を通過し、テレビでは多摩川下流のニュースを伝えていたが、都心の風雨はほぼ収まっていた。その時、私の携帯電話に、西新宿のＴＳＳ本社から報告が入った。「東京都西多摩郡日の出町大久野で土砂崩壊が起き、水道管が地盤ごと流されて断水が発生している模様。社員が出動し、その先の老人ホームに水を供給しています！」。私が社長に就任してから初めての大規模災害対応の始まりであった。私は、報告をしてきた総務部長に「直ちに本社に向かうので、現場に急行する手はずを整えるように」と指示した。

結局、この土砂崩落・断水現場は、「深夜であり地盤の緩みもあって、同行する社員の安全が確保できない」ということで、その夜のうちに行くことはかなわなかったが、夜が明けて判明した多摩地域の被害は甚大であった。東京の水がめである小河内ダム（貯水池）を擁する奥多摩町を中心に、山間部において随所で土砂崩落があり水道管が寸断された。土砂が水道の取水施設を埋め尽くし、浄水所が機能を停止してしまった。河川が増水して川岸を侵食し、水道管ごと道路が流されていた。断水戸数は約３３３０戸に及んだ。

ＴＳＳは、ただちに、都水道局と締結している災害時の支

日の出町大久野の道路崩落現場を視察（右から３人目が著者）

道路崩落現場（奥多摩町日原地区）

日の出町大久野での社員による応急給水

青梅市御岳山地区での応急給水活動

援協定に基づき、住民への応急給水と施設の復旧に着手した。協定では、TSSが技術面での施設の復旧、住民への応急給水は統合相手となるPUCが担うことになっていたが、PUCでは応急給水の現場で使用できる車両が不足している、という報告があった。私は、TSS・PUCの役割分担に縛られず、できる限り柔軟に支援するよう現場に指示した。TSSの社員は、水道局職員、工事事業者とともに、施設の復旧に当たるとともに、断水したお客さま一軒一軒にポリタンクに入った水道水を配って歩いた。活動は13日間続き、応急給水では延べ133人、復旧対応では延べ155人のTSS社員が従事した。この社員の奮闘によって断水は当初の予定よりも1週間も早く、12日間で解消した。

この台風19号の対応に当たった社員に話を聞くと、異口同音に、断水解消を通して、困っている住民のために、最前線で頑張ることができる喜び、充実感を語ってくれた。ポリタンクの水道水を届けに行った先でお客さまからいただいた「ありがとう」の言葉、施設が復旧した後の「助かったよ」の言葉。私たち水道事業に携わる者は、普段は水が出て当たり前、表立って感謝されることはないが、こういう瞬間が、命の水をお届けする仕事に従事している者の醍醐味であろうと思う。できる限り多くの社員に災害復旧の現場で活動する経験を積ませたいと思っている。

■新型コロナ宿泊療養施設への支援

令和3年（2021年）2月、東京都が新型コロナウイルス感染症の軽症者等の方を受け入れるために設置・運営している宿泊療養施設において、都水道局の職員と共に当社の社員も活動して欲しいという要請があった。この未曽有の国難に際して、都福祉保健局はもちろん、都水道局まで皆団結して防疫に当たっている。東京都の政策の実現に協力するために設置されている政策連携団体として、断るという選択肢はなかった。

一方、当社は、ライフラインを預かる立場と言っても、社員は公務員ではなく民間人である。宿泊療養施設は、万全の感染予防対策を取っていると言っても、敵は目に見えないコロナウイルスである。派遣される社員は、不安に思わないだろうか？

最初に派遣する社員は2名、入所者の方のプライバシーに配慮して男女1名ずつと決まった。

結局、私の不安は杞憂に終わった。公募には必要数を上回る多くの社員が手を挙げてくれた。最初の派遣が決まった若い社員に、私は声を掛けてみた、「なぜ手を挙げてくれたのか？」と。すると、その社員は驚いたように「手を挙げない方が不思議です！こんなに人のためになることができるチャンスなんて、めったに経験できないですから！」と。

東京水道株式会社には、都民のために力を尽くしたいと考えている若い社員が沢山いる。彼らを誇らしく思うし、彼らの期待を裏切ってはいけないと思う。

第５編

新会社発足、コロナ禍をいかに乗り越えたか

東京水道サービスとＰＵＣが統合して誕生した“東京水道株式会社”。その発足に先立ち収録した当時の両社の社長と都水道局長による鼎談、そして発足後のコロナ禍という苦境下の事業運営の工夫を語ったインタビューについて、日本水道新聞に掲載した記事から振り返る。

鼎談

日本最大級水道トータルサービス会社の針路
“東京水道”誕生へ

出席者（肩書はいずれも収録時）

東京水道サービス
代表取締役社長
野田 数氏

東京都公営企業
管理者水道局長
中嶋 正宏氏

PUC
代表取締役社長
小山 隆氏

東京都水道局の政策連携団体である東京水道サービスとＰＵＣが統合し、東京水道株式会社が令和２年（2020年）４月１日に発足した。東京水道グループの技術・事務を支える２社の統合による国内最大級の水道トータルサービス会社の誕生に先立ち、当時東京水道サービスの社長であった著者とＰＵＣ社長の小山隆氏、東京都水道局の中嶋正宏局長が新会社（ＴＷ）のビジョンを語った。

■時代の転換期に

中嶋　東京水道サービス（ＴＳＳ）とＰＵＣの統合については、野田社長、小山社長にリーダーシップを発揮していただき、約1年という短い準備期間の中、無事にここまで漕ぎつけることができました。小池百合子知事のもとで議論が進められた都政改革本部会議において平成31年（２０１９年）1月に課題として提起され、その後、局と2社により統合準備委員会を設置し、統合に向けた作業を進めてきました。これほど大規模な第三セクターの統合は、都政および水道界においても稀に見る出来事であり、１２１年にわたる東京の水道事業の歴史においても大きな節目になるものと捉えています。

社会状況、そして水道事業を取り巻く環境は大きな転換期を迎えています。国内は人口減少の急進、高度経済成長期に整備したインフラが本格的に老朽化する時期を迎えます。そして令和元年の台風災害に象徴される気候変動の影響に対する懸念もあり、水道は技術の視点、経営の視点の双方から今後のあり方が問われています。その中で、令和元年（２０１９年）10月に改正水道法が施行され、水道の基盤強化に向けた対応が全国の水道事業者の命題となりました。東京水道の基盤強化において最も重要な要素の一つが、時代に応じた執行体制のあり方です。

ＰＵＣの前身となる「財団法人公営事業電子計算センター」は、水道料金徴収システムや事務業務の電算化を先駆けて導入していくため、昭和41年（１９６６年）に設立されました。ＴＳＳは、現代におけるストックマネジメントの実践とも言える科学的な管路管理の手法の導入を目指し、昭和62年（１９８７年）に設立されました。

そして両社は、多摩地区水道の一元化の過程で、高度かつ効率的な業務運営に移行していく上で、重要な役割を果たしてきました。

両社のこれまでの歴史は、安全でおいしい水の安定供給を図り、お客さまから信頼される水道経営に向け、時代の転換点に対応するための重要なパートナーとしての歩みです。

未来に向けた東京水道の経営基盤の強化を図る執行体制を築き、これまでの歩みの中で培った2社の強みを最大限に生かしていくことが新会社「東京水道株式会社（ＴＷ）」が目指す方向性だと考えています。

野田　令和元年（２０１９年）５月にＴＳＳの社長を拝命し、局の職員の皆さん、ＰＵ

Cの皆さんのお力添えを得ながら、TW設立の準備を進めて来られました。

局長が言われた、TSSの強みを一言で表すと「技術力」だと思っています。33年のTSSの歴史と現場に根差した業務の中で培われた知見の蓄積こそが強みであると実感しています。象徴的な出来事として、当社が株式会社日本ウォーターソリューションと共同開発したTSリークチェッカーを用いた漏水調査手法が、第3回インフラメンテナンス大賞の厚生労働大臣賞を受賞しました。最新の技術と現場経験から裏付けられたノウハウを、民間企業ならではの柔軟な体制の中で融合させることができる確かな技術力を確信した事例です。

東京の水道の歴史の中で蓄積されてきた技術力をいかに課題解決に貢献させられるかが、TWの大切な使命になります。東京の水道事業のさらなる基盤強化、そして改正水道法の施行という大きな節目を迎えた全国の水道事業への支援、さらには深刻化する世界の水問題の解決に向けて、TWが有する技術力を生かした貢献を展開していく好機と捉えています。

一方、これらを実践していく上で不可欠となるのが、技術系・営業系・IT系が一体となった総合的な展開です。ＰＵＣが有する営業系・ＩＴ系部門のノウハウが組み合わさることで、可能性が大きく広がるものと思っています。

小山　ＰＵＣは事務業務の効率化を目的とした財団法人からスタートしました。その中で育まれた最大の強みの一つがＩＴ化への対応力だと感じています。54年の歴史の中で、料金徴収システムを中心に営業・事務系業務のソリューションサービスを開発、提供し、東京都のみならず、全国の事業体でも数多くの業務実績を有しています。

現在は、水道分野の営業系業務のすべてを担える体制が整っています。

この体制に至ったことは、局長が紹介されたように、昭和40年代後半から約40年かけて進めてきた多摩地区水道の一元化への対応が転機になっています。東京都水道局が多摩地区の市町の事業を統合しながら、これらの市町に業務を委託した「事務委託」を解消していくための受け皿をＰＵＣが担う中で、営業業務とお客さまセンターの運営業務を行う体制が整えられました。現在は、区部・多摩地区双方のお客さまセンターの業務、移行期間中のものを含め区部の六つの営業所業務の運営を担うとともに、昭島市、秋田市、三重県松阪市から営業系業務の包括委託を担うまでになりました。

同様に、多摩地区水道の一元化における技術部門の受け皿としてTSSも発展を遂げてきた側面を有します。実際の現場では、営業・技術の業務が混在する中でお客さまサービスに応えていかなくてはならない場面が多くあることを、双方の社員も感じてきたように思います。

TWでは、2社が有する経験・ノウハウを生かしながら、営業・技術が連携した対応を図っていくことで、より良いお客さまサービスの実現が可能になると考えています。

水道法の改正もあり、全国各地で水道のあり方の議論が活発になっています。社会環境の変化を的確に捉え、東京の水道が先んじてこの変化に対応していくためにも、TWの発足はまさに時機を得たものではないでしょうか。

■新会社の枠組み

野田　都政全般の課題としてもまさに時代の転換期の中で、政策連携団体の新たな役割が問われていると感じています。令和2年（2020年）1月31日の小池知事の記者会見では、TWの名称と併せて「持続可能な東京水道の実現に向けて～東京水道長期戦略構想2020～」の素案が公表されました。この素案では、今後現場業務を積極的にTWに移管することが明記されました。政策連携団体はこれまで、局事業を補完する役割を担ってきましたが、これからはTWと局がパートナーとしての連携を一層緊密に図りながら事業を展開していくことになります。

中嶋　局が大きな枠組みで方向性を示し、TWがきめ細かな対応を展開していけることは東京水道グループの強みとなると考えています。行政の枠組みだけでは都民や職員の意見の反映、意思決定のスピード感の面で限界があります。

水道事業は、安全でおいしい高品質な水を安定して提供するという揺るがない使命を公営企業としてしっかり果たしながら、お客さまのニーズに応え、維持管理の現場の課題に柔軟に対応していくことが不可欠です。

これからの東京水道グループの運営は、公営としての責任をしっかり確保し、政策連携団体であるTWの特質を最大限に生かしていく仕組みづくりがポイントとなります。具体的には、性能発注方式による包括委託の実施を念頭に置いています。営業・技術トータルで業務の進め方や人員の配置など、効率性とサービスの向上を同時に図る展開が可能となっていきます。まずは、モデル事業から検証を重ね、最大の効果を発揮できる仕組みを構築していくことを目指していきたいと考えています。

小山　単純に2社が一つになるというのではなく、これを機に、伸ばすべきものを伸ばしていくという発想が大切となるでしょう。

そして、コンプライアンス意識の徹底は大前提です。水道施設のオーナーは水道の利用者であり、政策連携団体もその利用者の負託を受け、水道サービスを提供しています。また、令和2年（2020年）4月の事業開始時の社員数は非常勤職員も含めて2600人を超える規模となりますが、規模が大きくなるからこそ、ガバナンスも重要です。TWは監査等委員会設置会社として社外取締役を迎えることで、ガバナンス・コンプライアンスの強化を目指していくこととなりますが、このほかにもリスク管理委員会を設置し全社的なマネジメントを推進することで、統合の目的にかなう仕組み・体制づくりを進めていきます。

■新会社の自主事業

野田　東京水道グループの経営基盤強化を前提としながらも自主事業の展開はＴＷの大きな柱になると考えています。日本水道協会の全国会議や地方支部総会をはじめさまざまな場で地方の水道の実情を伺い、地方のニーズに応えた支援が大都市の役割となることを実感しました。

また、都議会議員時代に台湾への水道分野の技術協力に同行したこともあり、海外事業には関心を持っていました。そして、ＴＳＳの社長として国際業務に携わるようになり、日本の質の高い事業ノウハウを総合的に海外へ展開させていける可能性を十分に感じています。

ＴＷには、国内外事業体への貢献を担う「ソリューション推進本部」という自主事業の専門部署を立ち上げます。ＴＳＳの国内外に対する自主事業を担うプロジェクト推進部と、ＰＵＣのＩＴ部門のノウハウ・実績を融合させて、新たな自主事業を展開していきたいと考えています。

小山　ＰＵＣとしては水道業務に加え、自治体の事務業務全般のＩＴソリューションを取り扱ってきた実績もあります。全国の自治体におけるデジタル化の推進という側面からも貢献できる可能性があるものと考えています。

中嶋　ITの専門人材が集合していることはPUCの大きな特長です。TSSの技術と連携した新たなイノベーションの創出は大いに期待するところです。

そして、小山社長も触れられた多摩地区水道の都営一元化を通じて培ったTSSとPUCの役割とノウハウというのは、まさにこれからの水道の広域連携の推進に生かせるものと考えています。一方、国内の各地の支援を通じて培ったノウハウを、多様な事業環境を有する多摩地区水道のさらなる発展に生かしていくことも期待しています。

野田　多摩地区の人口は約400万人を有し、規模で言えば横浜市に匹敵する重要な都市圏です。都心部と同様にまちの姿は絶えず変化しています。今後、TWのノウハウを生かせる重要なフィールドになると思っています。

中嶋　国内外への貢献は、第三セクターの役割として水道界のニーズに即した事業となっていくと考えています。これは公営企業単独では担えない事業分野です。改正水道法に対する世論の盛り上がりをきっかけに、改めて公営水道の信用力に対する国民の注目が高まったと感じています。

野田　政策連携団体のプロパー社員には地方出身者が多くいます。特に若手の社員の声を聴くと、いずれは地元に貢献したい、世界の水問題の解決に貢献したいという思いを持っている社員もおり、東京の枠を超えた事業展開にやりがいや期待を持ってくれています。

海外事業も東南アジア・中東地域など各地で着実に実績を積み重ねています。令和2年（2020年）10月にデンマーク・コペンハーゲンで開かれる第12回国際水協会（IWA）世界会議・展示会にもブースを出展するなど、TWの海外への発信も積極的に行っていく予定です（コロナ禍のため、会議・展示会は延期）。

自主事業の推進を通じて、プロパー社員のやりがい、モチベーションを高め、今後の人材確保と育成にもつなげていきたいと考えています。

■人材育成と確保

中嶋　PUCは54年、TSSは33年の間で育まれてきた文化があります。いかなる組織であっても異なる文化を融合させ、より良い方向に動いていくには時間がかかると思っています。

水道分野では、技術・事務の括りで職員の役割を語ることが多いと感じます。新たな東京水道グループの方向性として、そういった職域、そして所属を超えた認識を醸成していくことが必要だと考えています。都民の皆さんから見れば職域や所属は関係なく、東京水道グループの職員全員が水道のプロです。皆がトータルで水道を語れる人材になることが望まれます。

その中でもTWには約1600人のプロパー社員が在籍する予定であり、このプロパー社員の皆さんが東京の水道の根幹を担う人材になります。

今後は、局とTWとの人事交流も積極的に行っていく予定です。その中で、東京水道グループ一体で水道のエキスパートを育てていくことを目指していきます。こういった人材を育てていくことで利用者・都民から、より信頼を得られる水道事業に成長していければと思います。

野田　人材に関しては、育成とともに確保そのものが困難な局面にあると感じています。私も、各地の大学・高等専門学校に出向きリクルート活動を行っていますが、まさに奪い合いの状況です。特に技術系社員は、統合後の体制でも不足していくという認識です。また、水道局ＯＢが経験してきた大規模な事業の経験を、ＴＳＳの社員にうまく技術継承ができていない側面もあります。

ＴＷ発足後は、局の技術系業務も事務系業務も一層積極的にＴＷに移管されてくることになります。業務移転を進める中で、時間をかけながら、人材を増やし、育てていくためには人材への投資が不可欠です。ＴＳＳでは、こういった状況を踏まえ、給与の見直しなど若手プロパー社員の待遇改善を図ってきました。

ＴＷにおいても引き続き採用拡大と人材育成を積極的に展開していくことが必要と考えています。

小山　人材育成については、これまでは「継承」に重きを置いてきた面があったと思います。これからは変化に対応していく視点がますます重要になってくると考えています。ＰＵＣの業務では、ＩｏＴ、ＡＩ、ＲＰＡ等、情報分野の技術革新への対応がまさに喫緊に迫られています。

性能発注に対する社会の要請というのはそういった側面からも望まれており、創意工夫を絶えず考えていく人材確保が今後ますます重要になってくるでしょう。

野田社長が言われた通り、ＴＷへの業務移転が進めば業務量は増大します。今の局の業務をそのまま引き継ぐことを目指すのではなく、膨大な業務量の引継ぎの中で創意工夫を凝らし、効率的な業務執行と、適正な人材配置を絶えず意識していく必要があるでしょう。

■「東京水道」の始動

野田　このほどＴＷの社長候補としてご推薦をいただきましたが、初めて水道の仕事に就いた時と心境は変わりません。

小池知事の特別秘書として都政に関わらせていただいてから、都庁の職員の皆さんとともに都政改革を進めてきました。ＴＳＳの改革についても、東京水道グループの皆さんの協力があってこそ、ここまでの歩みを進めることができました。

「東京水道株式会社」の誕生が改革に向けた第2のスタートラインとなります。

水道の仕事に専門的に携わったことで、水道が各種ライフラインの中でも最も重要であるという思いを強くしています。ＴＷの運営を任せていただくこととなっても、身を引き締め、これまでと変わらず、東京水道の目指す姿に向けて、責任を持って邁進していきたいと思っています。

（本鼎談は日本水道新聞２０２０年２月10日付に掲載された内容を一部修正したものです）

Interview インタビュー

東京水道株式会社
野田 数社長

東京水道株式会社のコロナ禍を乗り切る運営体制

令和2年（2020年）4月1日、東京水道株式会社（TW）として事業を開始しました。新型コロナウイルス感染症の流行が拡大する中で、水道水源林の保全管理から給水装置の審査、料金徴収やコールセンターの運用、システム開発に至るまで、水道業務を包括的に担うことができる〝日本最大級の水道トータルサービス会社〟として、スタートを切ることができました。

都民の水道を24時間365日支え、国内外の水道事業体に貢献するため、2600人を超える社員が働いています。コロナ禍の下であっても、水道事業は東京都の継続事業に位置付けられており、社員の安全を確保しながら業務を推進する必要性がありました。

社員一人ひとりが貴重な戦力であるとの認識で、経営判断を速やかに行い、コロナ対応を即実行しました。

◆コロナ禍を乗り切る運営体制

コロナ禍の中で、24時間365日安定的に水道水を供給し、社員の命と健康を守らなくてはなりません。当社が担う浄水場・給水所の運転管理、営業所やお客さまセンターにおけるお客さま対応などの業務を継続するため、社員等の感染防止と業務継続の両立が課題となりました。

当社では、新型インフルエンザ対応の事業継続計画を策定していましたが、コロナ禍では一層の柔軟性が求められました。臨機応変な経営判断により、新型コロナウイルスが中国・武漢で流行し始めた段階から国際的なパンデミックとなることも見据えた準備を進め、マスクや消毒用アルコールを調達し、速やかなオフピーク通勤の導入、公的行事の自粛などに取り組みました。オフピーク通勤は当初の想定が通勤ラッシュと重なる時刻に設定されていたため、社員の安全を守るために、さらに1時間前倒しにしました。首相が緊急会見で全国の小中学校の一斉休校を発表した直後に、TSSでは私の指示で社員に特別休暇を付与する旨を緊急連絡網で流しました。幼い子供がいる家庭は子供を預ける保育所等を急に確保することは困難でしょうし、コロナに感染の恐れがある社員が無理をして出社する事態を防がなければならないと思いました。首相は有給休暇を活用せよとのことでしたが、年度末で有給休暇を消化している社員が多かったので別途、特別休暇を適用しました。

令和2年4月1日からの業務開始とコロナ禍が重なり、会社のスタートと同時に、新たなテレワーク・在宅勤務、さらに強化した感染予防対策を進めることとなりました。

当社は水道局が設置する「東京都水道局新型コロナウイルス感染症対策本部会議」に東京水道グループの一員として出席し、東京都における感染流行状況、東京都のコロナ対策のほか、当社の受託業務のコロナ取組状況や予防体制等について、水道局との情報共有を継続的に行ってきました。

また、当社内にもBCPに基づき、私を本部長とする「東京水道株式会社新型コロナウイルス感染症対策本部会議」を設置し、役員・各本部長をはじめとする関係者が出席し、局からの連絡・指示事項等や、社内各本部の情報をしっかり共有しています。

当社は局から受託している現場業務が大部分を占めるため、コロナ禍の状況下においても都民に影響が出ないように業務を継続するよう都からの指示も徹底されています。

◆コロナ禍の重点対応

業務継続という使命を念頭に置きつつ、社員の命と健康を守ることが第一だと考え、対策を推進してきました。全社員を対象にした出社前の検温を徹底し、少しでも体温の異常や倦怠感、喉の痛みなど変化がある場合は出勤を見合わせるよう随所にポスターを掲示したほか、社員向けコロナ感染予防の手引きや臨時社内報を全社員に配布するなど、繰り返しの意識づけと健康状態の把握に努めました。

多くの企業等で課題となったマスクやアルコール消毒液不足についても、当社ではＢＣＰに基づき的確な対応を図ってきました。マスクについては、不織布マスク10万枚の備蓄を活用し、２月上旬からお客さまサービスや事業者対応などの窓口業務や設備系運転管理業務、お客さまセンターなどにおいて、全社員のマスク着用の徹底を指示しました。

特に運転管理施設においては、出入りする委託業者からの感染も防がなくてはならないことから、委託先でマスクを調達できない場合は、当社の備蓄マスクから提供するなどして対応することができました。

備蓄こそありましたが、長期化と市場におけるマスク調達の見通しが不透明であったことから、早い段階で布マスクを調達し、1社員当たり2枚配布しました。

最も重点的な対応を図ったのが、運転管理の現場です。当社が運転管理を受託している浄水場や集中管理室等では、コロナ禍においても絶対に運転を止めるわけにはいきません。社員の通勤時での感染リスクを防ぐためにマイカー通勤を推奨し、公共交通機関での感染リスクを最小限にする取組みを行いました。

コールセンターについては、速やかにソーシャルディスタンスを保ったスタッフの配置や飛沫防止のパーティションの設置などの職場環境の整備を重点的に実施しました。都内の他企業のコールセンターでクラスターが発生したとの報道があり、大変神経を使いましたが、おかげさまで現在では応答率を下げることなくコロナ対応ができていると思います。

社員に現場を支えてもらったおかげで、緊急事態宣言下の第一波を乗り切ることができました。

新会社の始動に当たり、社員間のコミュニケーション、対外的な発信を積極的に図っていこうという思いもありましたが、まずは安定給水の維持という第一の使命を果たすための対応を優先せざるを得ない状況となりました。新会社発足のごあいさつで関係各所に行うべきところを欠礼してしまい、心苦しく思っています。また、令和2年度の新入社員の入社式、新人研修を本来予定していた形で実施できなかったことを大変残念に思っています。コロナ禍の状況をみながら、対外的な発信と社内の融合を図る工夫を図りたいと思います。

◆ポスト・コロナへ

令和2年7月に入りましたが、都内でも新規感染者が絶えず、予断を許さない状況が続いています。

緊急事態宣言の期間は、お客さまを直接訪問して業務を行う営業部門については、水道局からの協力依頼に基づき8割在宅・2割出勤の在宅勤務体制としていました。本社の管理部門を中心に、テレワークについて積極的に導入し、自宅にいながら会社の端末を操作できるリモートデスクトップサービスを緊急で130回線分確保したほか、20

0回線については社内グループウェアに自宅からアクセスできるようにシステム構成を一部変更しました。また、Web会議システムを管理本部に導入し、テレワーク・在宅勤務への移行を図れる環境を整えました。

これまで行ってきた感染予防対策を継続し、手を緩めずに第二波に備えていかなくてはなりません。

将来を見据えれば、今後は別の新型感染症が流行する可能性を念頭に置いた運営が求められます。これまでの新型コロナウイルスに対する対応の教訓をまとめ、従来のBCPを適宜見直し、24時間365日の安定給水に貢献するべく、より強靭な事業執行体制を作り上げていくことが大切と考えています。

（本インタビューは日本水道新聞2020年7月20日付に掲載された内容を一部修正したものです）

あとがき

東京水道株式会社の発足から２年目を迎え、本書では同社の発足とこれまでのあゆみを振り返ってきた。振り返りを経て、東京の水をこれからも守っていく決意、そして東京水道の未来に向けた思いをあとがきに綴る。

この度、東京水道株式会社発足を振り返る機会をいただいた。

正直なところ、水道事業の専門新聞社である日本水道新聞社から本を出版することになろうとは、予想だにしていなかった。日本最大級の水道トータルサービス会社の発足という、水道界におけるエポックメイキングな出来事を、その経緯を知っている者が振り返り、書籍としてまとめておくべき、との編集者のお言葉に甘えて記憶を改めて辿ってみた。

■意欲を持つこと

私の社長就任直後、ＴＳＳの不祥事から立ち直るためにまず取り組んだガバナンスの強化では、当社の行う改革姿勢に対する世論の信頼を取り戻すことを重視した。お手盛り批判を跳ね除けるためにも、社外の目を取締役会に入れたかった。元最高裁判所判事の鬼丸かおる先生をアドバイザーとしてお迎えし、会社統合後の社内運営について多くご示唆をいただいた。

また、批判に晒され自信を無くしていた社員にビジョンを示し、誇りを取り戻してもらいたかった。そうして作ったのが社訓とアクションプランである。私が書き下ろした社訓には、私たち社員が首都東京の水道を守り抜くことや、単なる下請けではなく東京都水道局のパートナーであり、都の政策連携団体として都政の実現に貢献する、そういう思いを込めた。アクションプランには、統合までの1年間（2019年度）でどこまで実現できるか、チャレンジングな目標を盛り込んだ。

■知ってもらうこと

情報発信にも力を入れた。「水道のことは水道局が発信すればいい」、社員の他人任せの弱気を振り払いたかった。ツイッター、インスタグラムのアカウントを取得し、担当者には、水道について、水について、自由に積極的に発信してもらった。私自身は、命の水に関わる公職に就いた説明責任を果たすつもりで、SNSを始めた。物議を醸したりすることのないように、正確な発信を心掛けている。

マスメディアでの発信にも取り組んでいる。もともとTSSは、水道業界では知名度が高い企業である。本書を発行してくださった日本水道新聞や、水道産業新聞には折に触れて取り上げていただいた。しかし一般の都民・国民に対しての知名度は高いとは言えなかった。残念なことに不祥事の時に報道される程度であった。これでは社員が自信を持てないし、新入社員も集まらない。

ありがたいことに、私は知事特別秘書時代から記者の方々に、何かとお気遣いをいただき、お声掛けいただいている。社員のモチベーションアップのためにも、「当社の知名度を上げていきたい」「当社の取り組みを報道していただきたい」、そんな思いから、多くの取材を受けるようにした。おかげさまで、様々なメディアに取り上げていただいた。

TSSだけでなく、東京の水道そのものにも都民・国民に関心を持っていただきたいと思っていた。毎年6月第1週が「水道週間」であり、8月1日は「水の日」である。それに並ぶような記念日を作ってはどうだろうか。早速、広報スタッフにいくつかの候補を調べてもらった。すると、東京の近代水道の発祥である淀橋浄水場の通水は明治31年（1898年）12月1日。12月は寒さから水への関心が薄れる時期でもあり、この日を「東京水道の日」として祝ったらどうだろうか。都水道局の中嶋正宏局長（当時）に提案したところ、快くご賛同いただき、早速、都水道局から一般社団法人日本記念日協会に申請し、こうして12月1日が「東京水道の日」として制定された。毎年この日に東京水道の発祥が話題になるというのは、水道人として嬉しく思う。

■人材の確保

人材の確保はＴＳＳの一番の課題だった。特に技術系人材は、今は日本中の企業で奪い合いである。経営者として直接当社の魅力を学生に伝えたい、そんな思いで、これまで拓殖大学や東京都市大学で、都政と水道事業について講演させていただいた。他にも、北は北海道から南は鹿児島まで、大学や高等専門学校の学生をリクルートしに飛び回った。今はこのコロナ禍で活動は難しい状況であるが、ぜひまた全国を回りたい。

リクルートのための仕掛けといえば、新たに導入した制度の「リファラル採用」である。この制度は、当社の良い点を本当に理解している社員が、この友人・知人なら当社に向いているのではないか、そんな思いで見極めてくれた人材を推薦してもらい、採用する制度である。就職後のミスマッチや離職率の低下に効果があると言われている。

また、中途採用の学歴要件を撤廃し、技術と意欲がある者を積極的に採用したほか、これまで年に数回しか実施していなかった中途採用募集の機会を「通年募集」に変更した結果、おかげさまで、TSS社長就任後には採用人数を前年度に比べて大幅に増やすことができた。

人材確保の基盤は社員の待遇改善、という思いも強い。食べていけなければ、いくら仕事に熱い思いがあっても長続きしないだろう。都とも協議を重ね給与体系を検討した結果、技術系社員の初任給を月額約3万円引き上げることができた。他にも全事業所を訪問して社員の思いを直接聞いたり、社員から直接要望をメールで受け付けたりするようにしている。寄せられた要望は、すぐに所管に伝えて事情を聞き、できる限り前向きに実現するように心掛けている。

プロパー社員の登用も大幅に拡充した。もともと民間団体からスタートしたPUCと違って、第三セクターとして設立されたTSSでは、私が就任するまで、管理職はほぼ全員が都水道局の現職派遣社員か、都のOB社員であった。プロパー社員に責任のある仕事を任せたい、都のOBは裏方に回って技術の継承に力を注いでいただきたい、そういう思いで、プロパー社員の登用を積極的に進めた。今では技術系の部署でも、数十名のプロパー管理職が第一線で重要業務を担ってくれている。

さまざまな取り組みが実って、当社に優秀な人材の確保が進んでくれることを願うばかりである。

当社は建設土木業界の中で離職率は低いのだが、公務員に転職する者は一定数存在していた。今では公務員から当社へ転職する者や、他へ転職したが再び当社へ戻ってくる者など、従前と異なる事例が発生してきた。これらが新しい潮流になれば喜ばしい限りである。

■コロナ禍で社員の健康と生活を守る

コロナ禍においても都民への安定給水を継続しつつ、社員の健康と生活を守ることに注力した。

社内で感染者が発生した場合、感染の不安のある者は全員、ＰＣＲ検査を会社負担で受けられるようにした。

また、ワクチンの職域接種を実施し、接種当日や接種後の万が一の副反応には、特別休暇を適用することとした。

2年以上にわたる長い戦いであるが、これらの対応により、社員が新型コロナウイルスの脅威から解放されることを願う。

■連続で黒字を達成

私はTSS社長就任直前に、元東京都水道局長の増子敦社長から、いくつかの重大な経営課題を引き継いだ。その一つが、不祥事を端として水道局からの受託業務が一部減少したことによる経営悪化、2019年度収支の赤字化の回避である。特別監察対応で過度に負担がかかっていた社員達の理解と協力を得て、経費削減と業務の効率化に取り組んだ。先に述べた若手社員の報酬アップ等必要な取り組みを行いつつも、2019年度は税引後当期純利益で約2億4000万円の黒字を達成した。

一方で、合併相手のPUCは、2019年度の税引後当期純損益は約3億4000万円の赤字であった。会社統合後も旧PUCのシステム開発部門の経費の負担により、当面は収支が苦戦する見通しであった。

当社の初年度である２０２０年度は、コロナ禍における業務の休止・中断、規模縮小等により、売上が約3億２０００万円減少し、旧会社のシステム統合やテレワーク対応、社員への安全管理等への投資を行いつつも、税引後当期純利益は約１５００万円の黒字を確保した。

課題が山積していたにもかかわらず、社長就任以降、高い目標を掲げて経営努力を重ねた結果、２年連続の黒字を達成することができた。嬉しさよりも肩の荷が下りた感が強かった。

「中期経営計画２０２１」を策定

令和3年（２０２１年）4月26日、当社初となる「中期経営計画２０２１」を発表した。この計画は、東京都水道局と当社のグループ経営の推進を掲げた「東京水道長期戦略構想２０２０」と「東京水道経営プラン２０２１」を踏まえ、２０２５年度までの5年間に当社が取り組む施策や目標を示した内容となっており、これらの実現に向けて、経営基盤の強化を図るとともに、構造改革や成長に向けた取組みを推進していく。

計画には、今後当社が目指す方向として、水道業務におけるトータルサービスの提供、DX推進や環境施策による事業経営力の強化と魅力向上、基本セグメントの全てにおける利益の確保の三つを掲げた。また、現在、水道局から当社へ現場業務の移転が推進されている。この業務移転を当社の成長の柱として据え、採用の拡大や人材育成など、成長の土台作りを進めていく。東京水道グループの一員として、安定給水の確保や業務の効率化・お客さまサービスの向上に、一層貢献してまいりたい。

■感謝

TSSの代表取締役社長に就任し、さらに社風の異なるPUCとの統合を経て、東京水道株式会社という新会社を作り上げた。自分に求められるものは何か、自分がお客さまや水道界に貢献できるものは何か、常に考え行動してきた。

さまざまな取組みを進めてきたが、これも私の着想、構想に賛同していただき、協力していただいた多くの社員のおかげである。心より敬意を表したい。そして、かつての東京都監理団体時代から一歩も二歩も進んだ当社の取組みを全面的にバックアップしていただいた浜佳葉子東京都水道局長をはじめとする水道局の皆さまに感謝を申し上げたい。

当社の発足から2年目を迎えた。現在、私達は新型コロナウイルスとの戦いの最中であるが、必ず打ち勝つであろう。

都水道局から当社への業務移転がいよいよ本格化し、受け皿としての土台作りを急ピッチで進めている。まさしく大仕事であり、水道事業の基盤強化のために不可欠だ。

東京水道株式会社は、大きく飛躍する。

資料1

東京水道株式会社
中期経営計画2021
（2021－2025年度）

目次

Ⅰ　これまでの振り返りと今後の目指す方向

1　売上高と営業利益の推移（2011～2019年度）

2　経営環境

3　今後の目指す方向

Ⅰ

1　売上高と営業利益の推移（2011～2019年度）

◇旧ＴＳＳ(株)の売上高推移　（単位：百万円）

年度	売上高	営業利益	売上高前年度比	売上高に影響を与えた主な出来事
2011年度	13,601	569	1,071	小管工事監督の受託開始、浄水場の受託拡大
2012年度	13,769	27	168	小管工事監督、多摩地区水道施設管理の業務量増加
2013年度	14,339	265	570	多摩地区水道施設管理、小管設計の業務量増加
2014年度	15,940	434	1,602	設計・工事監督の業務量増加
2015年度	16,688	571	747	小管設計の業務量増加、あんしん診断調整受託
2016年度	17,348	1,363	660	全体的な業務量増加、あんしん診断調整の本格実施
2017年度	16,134	178	△1,214	設計・工事監督、管路維持、貯水槽調査の業務量減少
2018年度	15,479	118	△655	小管監理の業務量減少
2019年度	14,760	338	△719	本管監理の業務量減少

◇旧(株)ＰＵＣの売上高推移　（単位：百万円）

年度	売上高	営業利益	売上高前年度比	売上高に影響を与えた主な出来事
2011年度	11,178	253	△1	水道局グループウェア一部受託終了
2012年度	11,529	314	351	営業所の受託拡大、都内市水道料金徴収業務の受託
2013年度	12,038	329	508	水道料金徴収システムの付随開発の業務量増加
2014年度	11,943	103	△95	水道料金徴収システムの付随開発の業務量減少
2015年度	12,149	354	206	営業所の受託拡大
2016年度	12,156	199	7	IT関連自主事業の付随開発の業務量増加
2017年度	12,036	86	△120	水道料金徴収システムの付随開発の業務量減少
2018年度	13,336	92	1,300	水道料金徴収システムの区部多摩統合開発の業務量増加
2019年度	14,175	△522	839	営業所の受託拡大、水道料金徴収システムの付随開発の業務量増加

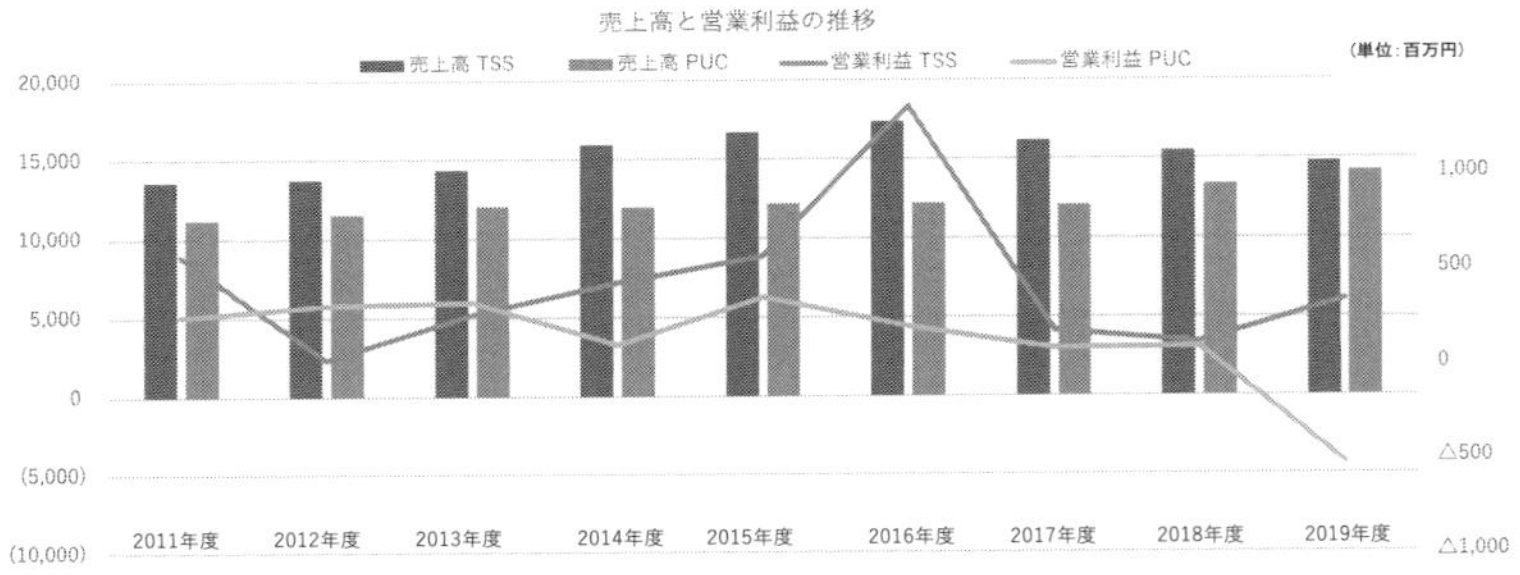

Ⅰ　2　経営環境

人口減少、風水害等の環
境危機、水道法改正等の
新たな局面
日本の社会全体における
デジタル化の加速
脱炭素社会の実現に向けた
社会的気運の高まり
当社を取り巻く
経営環境
水道局から当社への業務移転の
加速や新たな契約手法の導入
公共的な事業を担う企業として
求められるコンプライアンス
への取組強化
営業利益の確保や
人員確保・育成など
事業運営上の課題

Ⅰ　3　今後の目指す方向

① 水道業務におけるトータルサービスの提供
② DX推進や環境施策による事業経営力の強化と魅力向上
③ 基本セグメントの全てにおける利益の確保

持続可能性を高め、東京水道に貢献

Sustainable Development Goals

構造改革

■ＤＸ推進
■業務プロセス改善
■新たな人材戦略
■働き方改革

成長

■水道局受託業務の拡大
■水道関連業務を中心とした自主事業
■環境施策等社会的責任を果たすための取組の推進

基盤強化

収益構造　危機管理体制　現場重視　ガバナンス　コンプライアンス

Ⅱ 持続可能な経営への取組

1　構造改革

2　成長

3　基盤強化

Ⅱ

1　構造改革

構造改革

ＤＸ推進

・当社の IT部門を活用したDX推進
・テレワーク環境の整備
・5つのレス徹底

業務プロセス改善

・業務上のリスク発生の低減
・受託業務の効率化
・性能発注方式に対応するための業務・運営体制の見直し

働き方改革

・時間・場所を選ばない勤務の推進
・有給休暇の取得促進
・超過勤務時間の見える化

新たな人材戦略

・リクルーターを活用した採用活動
・社員のキャリア形成支援
・東京水道グループ一体となった人材育成

■　生産性を高め、持続可能な企業へ　　■　誰もが活躍できる、働きやすい職場へ
■　ポストコロナ期を見据えたニューノーマルの推進と定着

Ⅱ 2 成長 ①水道局受託業務と自主事業の着実な推進

水道局受託業務の拡大

・実務研修やOJTの充実による個々の社員のレベル向上

・効率的な業務運営体制の構築

・DX推進、ICT技術の積極的な活用による業務効率化

水道関連業務を中心とした自主事業

・事業の選択と集中

・水道関連の地元企業との協業

・DX推進、ICT技術の導入による業務改善等を通じた新規開発

勤怠Plus+

■ 着実に業務を遂行できる体制の構築
■ 技術力を活かした水道事業体への貢献

Ⅱ 2 成長 ② 環境施策等社会的責任を果たすための取組の推進（ＳＤＧｓ／ＥＳＧ）

安全でおいしい水の安定供給への貢献	3 6 10
水源林の保全管理の受託	6 13 15
国内・海外水道事業体への支援	3 6 10
ペーパーレスへの取組 グリーン調達の実施	6 12 13
社用車のZEV(※1)への切替 クールビズ・ウォームビズの実施	11 12 13
働き方改革・女性活躍の推進	5 8
BCPの策定・実施	6 11 13

E（環境）
- 水源林の保全管理の受託
- ペーパーレスの推進
- ＺＥＶ(※1)への切替
- グリーン調達

S（社会）
- 働き方改革の推進
- 女性活躍の推進
- 人材育成
- ＢＣＰの策定、実施

G（ガバナンス）
- 取締役会の充実
- 事業の組織的な進捗管理
- リスク管理とコンプライアンスの徹底

（※1）電気自動車（EV）、プラグインハイブリッド車（PHV）、燃料電池車（FCV）をいう。

Ⅱ 3 基盤強化

収益構造

- 運営体制の効率化等による安定的な利益確保
- 自主事業における選択と集中
- 総合基幹業務システムの導入

危機管理体制

- 経営上のリスク課題に対するBCPに沿った着実な運用
- 災害対応におけるグループの連携を強化

基盤強化

現場重視

- 現場の課題に即した業務プロセス改善
- 職場環境の改善による魅力の向上
- 現場の技術・ノウハウの継承

ガバナンス強化・コンプライアンス徹底

- 事業の組織的な進捗管理
- 全社的なリスク管理の徹底
- 社員のｺﾝﾌﾟﾗｲｱﾝｽ意識の向上

■ 企業としての基礎的体力の向上
■ 構造改革を支え、成長につなげる基盤の強化

III 事業部門別戦略

1　水道施設管理・整備業務

2　お客さまサービス業務

3　水道関連自主事業

4　公共機関等を対象としたＩＴ関連自主事業

Ⅲ　1　水道施設管理・整備業務

5年後に目指す姿	ＤＸ推進や人材育成、組織再編により、将来にわたり安全でおいしい高品質な水道水の安定供給に貢献

強み（Strengths）	弱み（Weaknesses）
・東京水道業務受注による経験やノウハウ、技術の蓄積 ・社内ＩＴ部門との連携	・ベテラン社員の減少と慢性的なマンパワー不足 ・水道局の仕様やマニュアルに基づく業務履行により創意工夫が働きにくい環境
機会（Opportunities）	**脅威（Threats）**
・水道局からの積極的な業務移転 ・社会全体としてＤＸが進展	・労働力人口の減少を背景とした技術系の人材確保難 ・ＩＣＴ化の進展に伴う業務形態の変化

2025年度　収支計画

売上高　：12,277百万円

営業利益：　119百万円

業務目標(KPI)

・現場業務へのタブレット等携帯端末配備
➢１００％

・工事監督・設計事務支援システムによる管理
➢１００％

Ⅲ　1　水道施設管理・整備業務

課題

○業務移転や性能発注方式による包括委託への対応

○ICT化による安定給水に向けた業務の改善

アクション

○組織再編の検討や業務履行場所の確保、人材の育成

○ICT機器の導入等による業務効率の向上や適正な業務遂行

トピックス：　給水所等における業務拡大

※和田堀給水所（更新工事中）

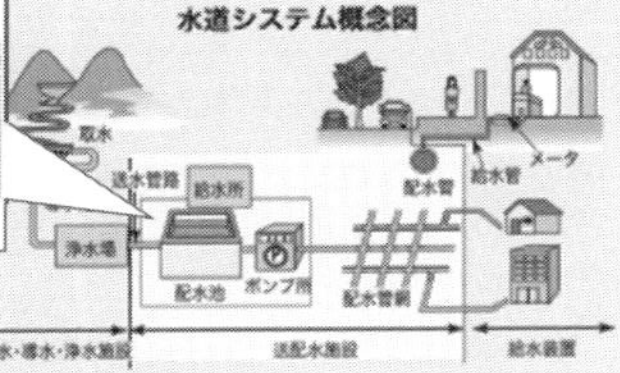

・令和３年度、和田堀給水管理所管内の給水所の維持保全業務が東京都水道局から当社に移転

・令和４年度以降も、技術系業務を今後20年を目途に当社へ業務移転することや、包括委託を検討していく方向性を明示（「東京水道経営プラン2021」より）

Ⅲ　2　お客さまサービス業務

5年後に目指す姿	創意工夫により業務を効率化するとともに、お客さま対応や業務ノウハウを活かして区部・多摩地区での統一した質の高いお客さまサービスの提供

強み（Strengths）	弱み（Weaknesses）
・水道事業の知識が豊富な社員が多数在籍 ・水道業務に精通したＩＴ技術者が多数在籍	・受託拡大に伴い業務経験の少ない社員増大 ・若手ＩＴ技術者が不足
機会（Opportunities）	**脅威（Threats）**
・水道局からの積極的な業務移転 ・社会全体としてＤＸが進展	・急速な受託拡大に伴う人材育成への影響 ・ＩＣＴ化の進展に伴う業務形態の変更

2025年度　収支計画

売上高　：15,049百万円

営業利益：　384百万円

業務目標(KPI)

・営業所運営費の削減
➢５％減

・新規採用者早期戦力化
➢前年度採用社員のレベル２認定９０％

Ⅲ　2　お客さまサービス業務

課題

○業務移転に伴う人材確保と育成

○質の高いお客さまサービスに向けた水道料金徴収システムの区部・多摩統合や、それに伴うお客さまセンターの機能一元化等への対応

アクション

○業務プロセスの見直しや体制整備、社員の業務ノウハウや技術力の維持向上

○業務スキルの向上と統一的なサービスの提供、新たなデジタル化へ向けた水道局との連携

トピックス：　区部営業所の業務移転の加速

【営業所・サービスステーション業務】

・令和３年度、文京営業所の業務が東京都水道局から当社に移転

・令和４年度以降も、引き続きグループ経営を推進し、営業所業務を今後10年を目途に当社へ移転する方向性を明示（「東京水道経営プラン2021」より）

Ⅲ　3　水道関連自主事業

5年後に目指す姿	自主事業に必要な要員を確保・育成し、水道トータルサービス会社ならではの力を発揮することで、国内外水道事業体の事業運営に持続的に貢献

強み（Strengths）	弱み（Weaknesses）
・多様な職種・経歴の社員を活かしたトータルサービス ・東京の水道事業を安定的に支えてきた信頼性	・東京以外に拠点とできる支社がない ・遠隔地勤務の要員が不足

機会（Opportunities）	脅威（Threats）
・水道法改正に伴う広域化・官民連携の推進 ・自治体経験者の従事が要件であるＯＤＡ案件が増加	・全国に支社を有する他民間企業・団体との競合 ・労働力人口の減少を背景とした人材の確保難

2025年度　収支計画

売上高	829百万円
営業利益	56百万円

業務目標(KPI)

・国内水道事業新規受注
➢ １０件以上

・海外水道事業新規受注
➢ １０件以上

III　3　水道関連自主事業

課題

○新規受託案件の獲得とリスク回避の両立

○地方への新規営業活動と遠隔地勤務要員の確保

アクション

○技術力や経験・ノウハウの提供を主とした業務受注

○地元企業を通じたオンラインでの営業活動によるエリア拡大、受託を見据えた要員確保・育成

トピックス：　地元企業との協業による新規営業活動

・地域で力を発揮する地元有力企業との既存の協力関係を活用した新規営業活動によるエリア拡大

・水道事業体の経費削減やお客さまサービスの向上を通じて全国との「共存共栄」に寄与

Ⅲ　4　公共機関等を対象としたＩＴ関連自主事業

5年後に目指す姿	デジタル化による公共機関等への新たなソリューションの提供

強み（Strengths）	弱み（Weaknesses）
・東京都をはじめとする公共機関のシステム運用・保守を多く受注 ・WISHや勤怠Plusなど自社開発システムを保有	・社内ＩＴ技術者の高年齢化 ・AI、ビッグデータ等の先端ＩＣＴ技術に対応できる人材が不足
機会（Opportunities）	**脅威（Threats）**
・AI、ビッグデータ等の先端ＩＣＴ技術の需要が増大 ・社会全体としてＤＸが進展	・社会的なＤＸ推進の一方で、ＩＣＴ系人材の確保難 ・大手企業との競合

2025年度　収支計画

売上高	727百万円
営業利益	62百万円

業務目標（KPI）

・外部研修機関実施のＩＣＴ技術研修受講
➢延べ１０人以上

・社内業務の改善又は新規業務の開発・商品化
➢試行を含め４件以上

Ⅲ　4　公共機関等を対象としたＩＴ関連自主事業

課題

○新規受託案件の獲得とリスク回避の両立

○ＤＸの進展を背景とした時代のニーズに合わせたソリューションの提供

アクション

○既存事業の精査、事業の選択と集中

○先端ＩＣＴ技術に対応可能な社員の育成、業務改善等を通じた新たなソリューションサービスの構築

トピックス：　社会全体としてのＤＸ推進

■国の取組

２０２０年３月

「**経済産業省デジタル・ガバメント中長期計画**」公表

➢クラウドサービスの利用の推進

➢外部ＩＴ人材の登用

➢シビックテック等との協同を推進　など

２０２０年１０月

首相所信表明演説において「**デジタル庁」の設立**を表明

■東京都の取組

２０２１年３月

「**シン・トセイ　都政の構造改革ＱＯＳ アップグレード戦略**」策定

➢ＱＯＳ（Quality Of Service)へ 向けた５つのキーワード（スピード、オープン、デザイン思考、アジャイル、見える化）

➢デジタル人材の確保など、組織・人材マネジメントを変革　など

業務の改善や、時代のニーズに合わせた新たなソリューションサービスの構築・提供が必要

Ⅳ 経営目標

1 財務目標

2 営業利益の増減要因

3 設備投資計画

4 経営指標

5 持続可能な経営への取組に関する主な達成目標

Ⅳ　1　財務目標

（単位：百万円）

	2019年度 実績	2025年度 計画	差異
売上高	28,935	28,882	▲53
売上原価	27,118	25,243	▲1,875
売上総利益	1,816	3,639	1,823
販管費	2,000	3,018	1,018
営業利益	▲184	621	805

※2019年度は旧ＰＵＣと旧ＴＳＳの金額を単純合算したもの
※端数処理の関係で合計が一致しない場合がある

（単位：百万円）

（参考）セグメント別営業利益予測	2025年度 計画
水道局受託事業	504
水道施設管理・整備業務	119
お客さまサービス業務	384
自主事業	117
水道関連	56
公共機関等を対象としたＩＴ	62
合　計	621

Ⅳ 2 営業利益の増減要因

営業利益（見通し）の増減要因
（2019年度 対 2025年度）

（単位：百万円）

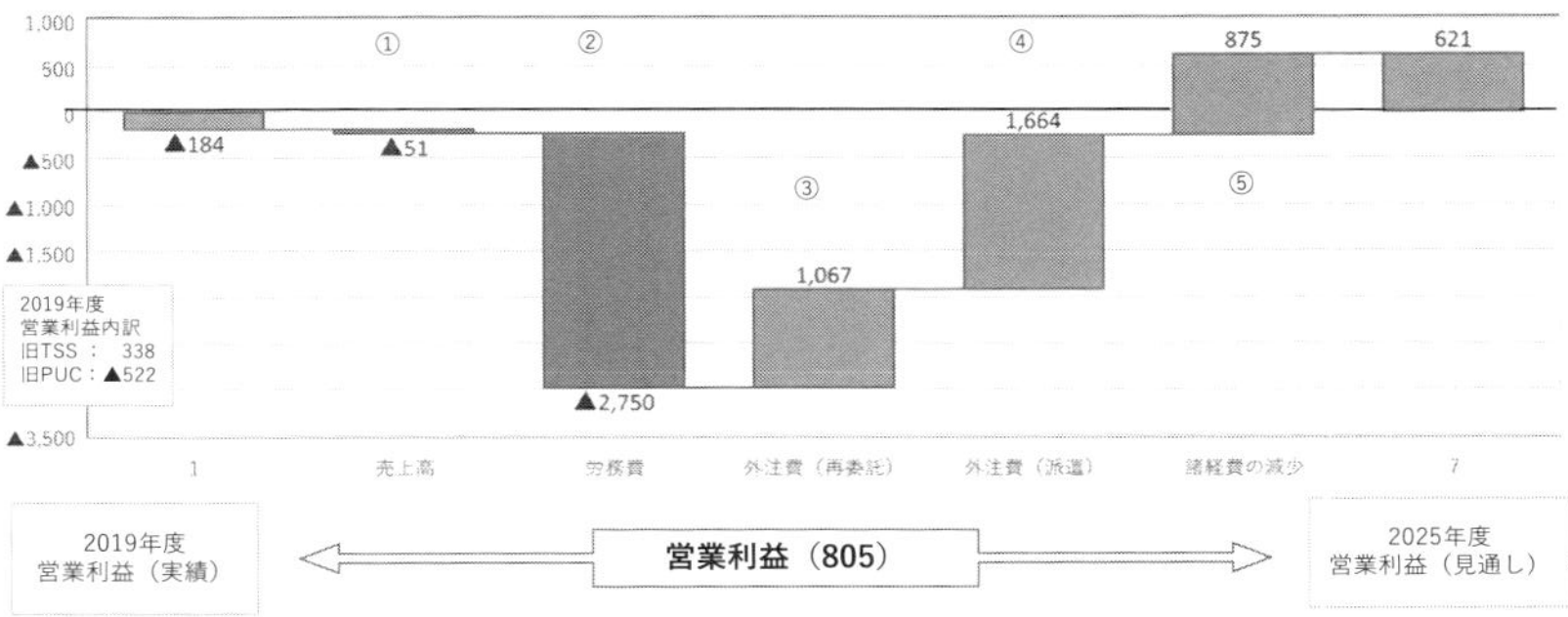

① 売上高内訳
水道局受託事業： 459
※営業所・給水所等の業務移転による
自主事業 ：▲510
※大規模開発案件の終了による
合計：▲51

② 労務費内訳
一般社員 ：▲3,418
OB等社員 ： 1,136
出向社員 ： 724
その他社員：▲1,192
※内訳の増加要因は、業務拡大、直営化などによる
合計：▲2,750

③ 外注費(再委託)内訳
水道局受託事業 ： 1,057
※運転管理業務の直営化による
自主事業 ： 10
合計：1,067

④ 外注費(派遣費)内訳
水道局受託事業： 400
※CCの体制見直しによる
自主事業 ： 1,264
※大規模開発案件の終了による
合計： 1,664

⑤ 諸経費の減少内訳
汎用機維持管理費： 1,414
※SWAN/TAMAシステム統合による
設備投資(新規) ：▲ 466
新期営業所設置等：▲ 125
※直営化に伴う費用増を含む
その他 ： 52
合計：875

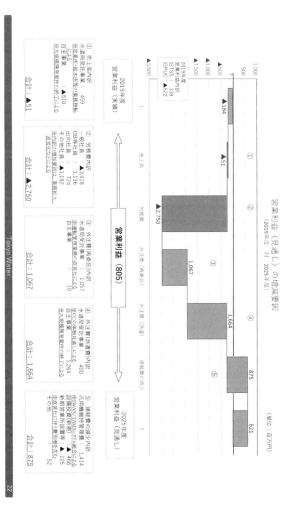

Ⅳ　3　設備投資計画

2021年度から2025年度までの設備投資

機器の入れ替え等

□水道施設管理・整備業務
業務支援システム改修

□お客さまサービス業務
サーバ等機器、ソフトウェアの入れ替え

□水道関連自主事業
サーバ等機器の入れ替え

□公共機関等を対象としたＩＴ関連自主事業
サーバ等機器の入れ替え

□社内インフラ関連
社内ＰＣ、通信機器等の入れ替え

3,365百万円

新規導入

□ＤＸ・ICT関連
タブレット導入

□社内インフラ関連
統合基幹業務システム（ERP）の導入等

□SDGs関連
社用車のZEVへの切り替え

466百万円

- 機器の入れ替え等は、主に受託業務で使用するサーバ等機器や社内インフラ機器を入れ替え
- 新規導入では、統合基幹業務システム（ERP）を2022年度内に導入・試行予定

※ 設備投資の年平均額は、毎期の減価償却費の範囲内である。

Ⅳ 4 経営指標

経営指標

	2019年度実績	2025年度計画	目指す姿
当座比率(当座資産/流動負債×100)	185.2%	206.4%	100%以上
自己資本比率(自己資本/総資本×100)	43.9%	52.3%	40%以上
販管費比率(販管費/売上高×100)	6.9% (※1)	10.5%	10.5%以下

(※1) 旧(株)PUCは、販売費を原価に計上していたため、販管費比率が低くなっている。

水道局受託事業における経営指標

	2019年度実績	2025年度計画	目指す姿
売上高総利益率(売上総利益/売上高×100)	10.2%	12.3%	12.3%
人件費比率(人件費/売上高×100)	54.5%	63.5%	63.5%

自主事業における経営指標

	2019年度実績	2025年度計画	目指す姿
売上高総利益率(売上総利益/売上高×100)	—	18.0%	18.0%以上
売上高伸び率 ((当期売上高-前期売上高)/前期売上高×100)	▲6.0%	0.6%	年1.1%以上

Ⅳ　5　持続可能な経営への取組に関する主な達成目標

項目	指標	2019年度実績	2025年度目標
働き方改革	テレワーク率 （テレワーク日数／総勤務日数　対象:テレワーク可能な社員）	ー	60%
業務プロセス改善	業務プロセスの改善件数	ー	5件以上
新たな人材戦略	採用者の定着率 （3年間経過後の在籍者数／3年前の採用数）	89.4%	95%
SDGs/ESG	ZEV(※1)への切替台数	ー	14台
収益構造	水道局営業所受託業務のコスト削減率（対2020年度比） （〔2020年度受託済営業所のコストー2020年度受託済営業所の2025年度のコスト〕／2020年度受託済営業所のコスト）	ー	5%
現場重視	コンプライアンス・エンゲージメントに係る全社員意識の他社平均以上の項目数 （コンプライアンスに関する全社員意識調査　全20項目）	6項目 (2020年度実績)	12項目

（※1）電気自動車（EV）、プラグインハイブリッド車（PHV）、燃料電池車（FCV）をいう。

注意事項

計画、見通し等に関する記述について

本資料に掲載されている計画、見通し、戦略等将来に関する記述は、当社が現在入手している情報及び合理的であると判断する一定の前提に基づいており、不確定な要因を含んでおります。

今後の状況により、計画を変更する可能性があります。

TOKYO WATER
東京水道株式会社

資料2

東京水道史　年表
東京水道サービス株式会社(TSS)沿革
株式会社PUC沿革

東京水道史　年表

1654(承応３)年		玉川上水完成
¦		¦
1890(明治23)年	2月	水道条例公布
1898(明治31)年	12月	淀橋浄水場通水開始
1923(大正12)年	5月	砧下浄水場給水開始
1924(大正13)年	3月	境浄水場通水開始
	3月	村山上貯水池完成
1926(大正15)年	8月	金町浄水場給水開始
1927(昭和２)年	3月	村山下貯水池完成
1934(昭和９)年	3月	山口貯水池完成
1952(昭和27)年	10月	地方公営企業法施行
1957(昭和32)年	6月	水道法公布
	11月	小河内ダム完成
1959(昭和34)年	3月	長沢浄水場通水開始
1960(昭和35)年	8月	東村山浄水場通水開始
1962(昭和37)年	4月	下水道事業が水道局から分離、水道局に工業用水道部設置
1964(昭和39)年	8月	オリンピック渇水
1965(昭和40)年	3月	武蔵水路通水
		淀橋浄水場廃止
1966(昭和41)年	10月	朝霞浄水場通水開始
1970(昭和45)年	7月	多摩水道対策本部発足
1974(昭和49)年	4月	水質センター設置
1975(昭和50)年	7月	三園浄水場通水開始
1979(昭和54)年	4月	水運用センター設置
1985(昭和60)年	6月	三郷浄水場通水開始
1991(平成３)年	4月	新宿の新東京都庁舎に移転
1992(平成４)年	6月	金町浄水場第一期高度浄水施設完成
2006(平成18)年	7月	多摩水道改革推進本部業務開始
	10月	一体的事業運営体制構築の方針決定、東京都からの監理団体の指定（東京水道サービス・PUC）
2012(平成24)年	3月	多摩25市町全ての事務委託を完全解消
2014(平成26)年	4月	朝霞浄水場高度浄水施設（第二期）の完成 -利根川水系全浄水場高度浄水施設完成-
2018(平成30)年	9月	IWA（国際水協会）世界会議・展示会を東京で開催
2019(令和元)年	12月	東京水道の日制定

株式会社ＰＵＣ　沿革

年	月	事項
1966(昭和41)年	8月	財団法人設立、千代田区大手町に事務所開設
	10月	東京都水道局水道料金調定システムの運用開始
1985(昭和60)年	4月	本部機構を新宿国際ビルに移転、新宿センター開設
1995(平成７)年	2月	本部機構を新宿アイランドタワーに移転
2002(平成14)年	1月	東京都水道局水道料金ネットワークシステムの運用開始
2004(平成16)年	4月	株式会社ＰＵＣを設立
	7月	財団法人から株式会社ＰＵＣへの事業譲渡 株式会社ＰＵＣの事業開始
2005(平成17)年	1月	東京都水道局多摩水道料金ネットワークシステムの運用開始 東京都水道局お客さまセンターの運用開始
2006(平成18)年	1月	立川事務所開設
	4月	多摩地区で東京都水道局サービスステーションの運営開始
	10月	東京都水道局における一体的事業運営体制構築の方針決定 東京都からの監理団体の指定
	11月	東京都水道局多摩お客さまセンターの運用開始
2011(平成23)年	8月	区部で東京都水道局営業所の運営開始
2012(平成24)年	4月	昭島市水道包括業務開始
2014(平成26)年	4月	秋田市上下水道局お客さまセンター業務受託開始
2018(平成30)年	10月	松阪市水道包括業務開始
2019(平成31)年	3月	東京都政策連携団体への指定
2020(令和２)年	2月	東京水道サービスと合併契約書の調印

東京水道サービス株式会社（TSS）沿革

年	月	事項
1987(昭和62)年	2月	中央区日本橋小伝馬町に「水道総合サービス株式会社」を設立
	4月	管路診断業務(区部・多摩)受託開始
1990(平成２)年	6月	本社を大田区雪谷大塚町に移転
1995(平成７)年	4月	浄水施設の運転管理業務受託開始
1997(平成９)年	5月	本社を新宿グリーンタワービルに移転
2001(平成13)年	4月	立川市柴崎町に多摩業務センターを開設
	6月	社名を「東京水道サービス株式会社」に変更
2003(平成15)年	4月	多摩地区小管工事監督業務受託開始
2004(平成16)年	4月	他企業工事立会業務受託開始
2005(平成17)年	4月	多摩地区小管設計業務、多摩地区給水装置業務受託開始
2006(平成18)年	10月	東京都水道局における一体的事業運営体制構築の方針決定 東京都からの監理団体の指定
2008(平成20)年	4月	区部給水装置業務受託開始
2009(平成21)年	4月	区部配水小管設計、本管設計・工事監督業務受託開始
2010(平成22)年	1月	東京都水道局が「東京水道サービス株式会社を活用した新たな国際貢献」を発表
	4月	多摩本管設計・工事監督業務受託開始
2011(平成23)年	4月	区部小管工事監督業務受託開始
2013(平成25)年	9月	ミャンマー国ヤンゴン市開発委員会(YCDC)と技術協力等に関する覚書を締結
2015(平成27)年	12月	JICA草の根技術協力事業におけるベトナム国ハノイ水道公社とのMOM(議事録)を締結
2016(平成28)年	10月	ミャンマー国ヤンゴン市における無収水対策事業を受託
2019(平成31)年	3月	東京都政策連携団体への指定
2019(令和元)年	9月	時間積分式漏水発見器による効率的な漏水発見手法が第3回インフラメンテナンス大賞「厚生労働大臣賞」を受賞
2020(令和２)年	2月	ＰＵＣと合併契約書の調印

2020(令和２)年　4月　東京水道株式会社として業務開始

著者紹介

野田　数（のだ・かずさ）

1973 年川崎市生まれ。1997 年早稲田大学卒業。2016 年 8 月、東京都知事特別秘書（政務担当）、2019 年 5 月、東京水道サービス株式会社代表取締役社長に就任。2020 年 4 月より、東京水道株式会社代表取締役社長。

東京の水を守る　－東京水道株式会社－

定価 本体 1,200 円＋税

令和 3 年 8 月 1 日　第 1 刷発行

著者　東京水道株式会社代表取締役社長　野田 数
発行所　株式会社日本水道新聞社
〒 102-0074　東京都千代田区九段南 4-8-9
TEL 03(3264)6722
FAX 03(3264)6725
印刷・製本　共立速記印刷株式会社

落丁・乱丁本はお取替えいたします。
ISBN-978-4-930941-80-0　C3260　￥1200E